海上风电场建设工程

【荷】Jochem Tacx 【意】Cesare Meinardi ◎著

魏士鹏 张爱霞 苏春梅◎等译

石油工业出版社

内容提要

本书结合欧洲海上风电场建设工程项目技术及管理经验，系统介绍了海上风电场建设的关键技术、施工流程、工程装备及风险管理等内容。全书分为六章，包括海上风电行业总体情况、固定式风机基础、海底电缆、风力发电机组、漂浮式风机基础、海上风电场经济性分析等。全书结构清晰，图文并茂，可使读者快速掌握海上风电行业的专业知识。

本书可供从事海上风电行业的工程技术人员参考，也可以作为工具书供高校学生和科研人员参考。

图书在版编目（CIP）数据

海上风电场建设工程 /（荷）约赫姆·塔克斯（Jochem Tacx），（意）切萨雷·迈纳尔迪（Cesare Meinardi）著；魏士鹏等译 . -- 北京：石油工业出版社，2024.6. -- ISBN 978-7-5183-6668-2

Ⅰ . TM614

中国国家版本馆 CIP 数据核字第 2024Y7A138 号

Building an Offshore Wind Farm：Operational Guide，2nd Edition
by Jochem Tacx and Cesare Meinardi
ISBN: 9798398269901
Copyright ã Jochem Tacx 2023. All rights reserved.
Simplified Chinese edition Copyright © 2024 Petroleum Industry Press
The Simplified Chinese edition is published by Petroleum Industry Press under licence of the author Jochem Tacx .

No part of this book may be stored，reproduced or transmitted in any form or by any means，electronic or mechanical，including photocopying，recording，or by any information storage and retrieval system，without written permission from the copyright holder.

本书经原作者授权由石油工业出版社有限公司翻译出版。版权所有，侵权必究。
北京市版权局著作权合同登记号：01-2024-3247

出版发行：石油工业出版社
（北京安定门外安华里 2 区 1 号楼　100011）
网　　址：www.petropub.com
编辑部：（010）64523687　　图书营销中心：（010）64523633
经　　销：全国新华书店
印　　刷：北京晨旭印刷厂

2024 年 6 月第 1 版　2024 年 6 月第 1 次印刷
787×1092 毫米　开本：1/16　印张：11
字数：235 千字

定价：120.00 元
（如出现印装质量问题，我社图书营销中心负责调换）
版权所有，翻印必究

《海上风电场建设工程》

翻 译 组

组　　长：魏士鹏

副组长：张爱霞　苏春梅

成　　员：王立领　王鄂川　邓海峰　田　凯　郭鹏增　龚　闽　王志涛

译者序

2020年9月22日，中国在第七十五届联合国大会上正式宣布：中国将提高国家自主贡献力度，采取更加有力的政策和措施，二氧化碳排放力争于2030年前达到峰值，努力争取2060年前实现碳中和。在"双碳"目标引领下，我国正在积极构建新型能源系统，推动能源供应体系由传统化石能源为主体向非化石能源为主体的方向转变。

海上风电具有资源丰富、清洁高效、适宜大规模开发等特点，已经成为全球能源绿色低碳发展的重要解决方案。根据世界知名船级社及认证机构DNV预计，随着21世纪中叶的临近，海上风电在能源结构中的占比将会进一步提高至风电总量的40%；全球海上风电的装机容量将从2019年的29GW大幅增加到2050年的1748GW。

作为世界上风力资源最为丰富的国家之一，中国可开发利用的陆地风能资源达到253GW，海上风能资源接近陆地风能资源的3倍，约为750GW。相较于陆地风能资源，海上风能资源具有资源更充足、风力更稳定、风能利用率更高等优点。中国发展海上风电产业虽然起步较晚，但国家对海上风电行业不断提供政策支持，使我国的海上风电建设进入了快速发展的新时期。培养海上风电技术人才，成为中国能源转型及新能源行业发展迫切需要解决的关键问题。为满足海上风电行业知识需求多样化的要求，亟需一批能够反映行业最新发展动态的专业书籍，供广大海上风电技术人员了解和掌握国内外的技术发展情况。

欧洲海上风电在全球海上风电市场占据主导地位，本书原著作者 Jochem Tacx 先生在海上风电行业具有丰富的现场经验，曾参与了欧洲多个重大项目的建造、运输和安装等各个阶段的管理工作。结合这些现场实践，本书全面介绍了海上风电场建设各个阶段的关键技术、装备及管理等相关内容，结构清晰，逻辑缜密，附有大量现场项目图片，可为从事海上风电开发和研究的科技工作者、现场技术管理人员提供有益的借鉴与指导。

本书第 1 章由王鄂川翻译，第 2 章、第 4 章由张爱霞翻译，第 3 章由郭鹏增翻译，第 5 章由田凯翻译，第 6 章由邓海峰翻译。全书由魏士鹏统稿，魏士鹏、张爱霞、苏春梅总体审阅，王立领、龚闽、王志涛参与了审校工作。

由于译者水平有限，书中难免有不妥之处，恳请广大读者批评指正。

原书序

欢迎来到海上风能世界，这是一个可持续发展并处于可再生能源前沿的行业。本书作为一本综合性指南，旨在将海上风电行业专业人士的工程经验分享给对该领域感兴趣的读者。不论您是风电行业的爱好者，还是从其他行业转到该领域的技术人员，或是渴望探索新机遇的学生，本书都将为您提供海上风电行业富有价值的信息。

海上风电行业具有巨大的发展潜力，将继续大规模快速发展，为每一位有志于未来可持续发展的专业人员提供宝贵的机会。通过利用海上风力发电，海上风电场可提供清洁可再生的电力来源，减少对传统化石燃料的依赖，缓解使用化石燃料对全球气候变暖的不利影响。本书通过分享行业专家的专业技术及工程经验，使读者系统了解海上风电行业的知识，最终促进行业内的协同合作与创新发展。

为全面涵盖海上风电领域的相关技术和主题，本书分为6章。第1章概括介绍了海上风电行业的总体情况及基本信息。第2章和第3章深入探讨了固定式风机基础安装以及海底电缆敷设的技术细节。第4章将会使读者了解海上风力发电机组的相关技术，包括吊装作业期间的控制措施以及投产调试的过程。第5章探讨了浮式风机的解决方案，重点介绍了锚泊系统及浮式基础。最后，第 6 章介绍了海上风电场的经济性，包括其成本、收入及经济可行性。

本书可为各个层次的读者提供参考，作为个人提升、学习研究或教学培训用书。通过本书的学习，读者可对海上风电场建设的关键技术、施工流程及风险管理有更为深刻的了解，全面掌握该行业涉及的各个方面，从而具备从事海上风电行业的专业知识。

不论您是经验丰富并计划进一步提升技能的专业人士，还是急于在海上风电领域寻找发展机会的行业新人，本书都将为您提供全面而深入的指导。我们热切邀请您加入这场知识之旅，与我们一起迎接海上风电行业提供的挑战与机遇，共同创造海上风能引领的可持续发展的未来。

原书作者简介

Jochem Tacx 是海上风能领域杰出的专业人士，专注于工程和项目管理。他在鹿特丹港的 Keppel Verolme 造船厂开始了职业生涯，专业从事重型、高效益及大型项目设备的运输及安装。作为业主及承包商代表，Jochem 成功完成了多个项目的建造、运输和安装等管理工作；多年的工作经验使他有能力负责海上风电场建设各个阶段的工作，包括海上安装预勘察工作、风机基础安装、海底电缆敷设及风机安装。

Jochem 在海上风电基础设计、电缆安装和风力发电等方面具有深厚的专业知识，在风险管理和后勤服务方面具备丰富的经验；通过优化项目进度，有力保障了所负责海上风电项目的成功运行。Jochem 对研发的专注和对知识分享的热情，使他成为海上风电行业发展的有力推动者。

Cesare Meinardi 是海上风能行业经验丰富的专业人士。Cesare 毕业于意大利都灵理工大学能源工程专业，期间还曾担任滑雪教练。然而，海洋给人类带来的挑战和机遇一直深深吸引着他，于是他决定移居到苏格兰的奥克尼群岛专门研究海洋可再生能源。在英国，他开始了自己的职业生涯，担任波浪和潮汐能转换装置的安装顾问。在荷兰期间，他为世界先进的海洋工程公司及 EPCI

承包商工作，担任现场工作师和项目工程师。后来，他作为海上升压站运输和安装的助理项目经理，参与了海洋工程安装项目的各个阶段（如招标、设计及施工）。

　　Cesare 在各种固定式风机基础和风力发电机方面拥有丰富的专业知识，对解决海上风电场的复杂问题具有独到见解，通过优化风险管理和提升运营效率，确保了所负责项目的成功实施。Cesare 的研究还拓展到海上风电场经济性分析，有效推动了行业发展。

目录

1/ 海上风电行业概况

1.1 欧洲海上风电场发展概况 / 1
1.2 海上安装 / 3
1.3 海上风电安装船 / 11
1.4 风险管理 / 17
1.5 海上施工人员 / 24
1.6 进出风电场的后勤保障 / 29

2/ 固定式风机基础

2.1 基础 / 33
2.2 单桩基础及过渡段装船方法 / 35
2.3 单桩基础安装 / 39
2.4 过渡段安装 / 51
2.5 导管架基础及三脚架基础 / 58
2.6 冲刷 / 65

3/ 集电海缆及送出海缆

3.1 概述 / 72
3.2 电缆敷设设备 / 74
3.3 集电海缆 / 78
3.4 送出海缆 / 85
3.5 海上升压站 / 87

4/ 风力发电机

4.1　海上风力发电机　　　　　　　　　　/ 91
4.2　吊装作业中的控制措施　　　　　　　/ 94
4.3　风力发电机装船　　　　　　　　　　/ 98
4.4　海上风力发电机安装　　　　　　　　/ 99
4.5　调试　　　　　　　　　　　　　　　/ 110

5/ 漂浮式风机基础

5.1　浮式风电　　　　　　　　　　　　　/ 112
5.2　锚固系统　　　　　　　　　　　　　/ 115
5.3　浮式基础　　　　　　　　　　　　　/ 119

6/ 海上风电场经济性分析

6.1　海上风电场经济性分析　　　　　　　/ 133
6.2　海上风电场建设成本分析　　　　　　/ 139
6.3　收益　　　　　　　　　　　　　　　/ 162

结束语　　　　　　　　　　　　　　　/ 163

1 海上风电行业概况

1.1 欧洲海上风电场发展概况

1.1.1 概述

风能是一种清洁免费、资源丰富的可再生能源,通过带动风机转动将风能转化为机械能,然后发电机将机械能转化为电能。与陆上相比,海上平均风速高,风向更加稳定,更加适合规模开发。因此,近几年海上风电场开发日益加快,风能得到了越来越广泛的利用。

根据欧洲风能(Wind Europe)统计数据,2020年,欧洲在9个风电场新建了356台海上风机,并连接至陆上电网。截至2020年底,欧洲总装机容量达到25014MW,共计5402台风机,连接了12个国家的电网,其中,英国、德国、丹麦、比利时和荷兰5个国家占比达到99%。

虽然英国在2020年的装机容量较少,它仍然拥有欧洲最大的海上风电装机容量,占总装机容量的42%;德国以31%的比例位居第二,荷兰以10%的比例攀升至第三,其次是比利时(9%)和丹麦(7%)。其他国家按装机容量从多到少分别是瑞典、芬兰、爱尔兰、葡萄牙、西班牙、挪威和法国。这7个国家共安装了112台风机,占总装机容量的1%。就海上风机累计装机容量而言,北海仍然是欧洲最繁忙的作业海域,它拥有近20GW(79%)的海上风电装机容量,其他海域占比分别是爱尔兰海(12%)、波罗的海(9%)和大西洋(<1%)。

截至2022年6月底,欧洲并网的海上风电项目见表1.1.1。

海上风电场建设是一个复杂的过程,本书涵盖了所涉及的主要工序,尤其对于海上作业、安装船舶以及施工中所使用的关键部件和先进工艺,均提出了指导性意见。

表 1.1.1　欧洲并网的海上风电项目数据（截至 2022 年 6 月底）

国家	海上风电场数量	海上风机数量	2022 年累计装机容量（MW）	2022 年海上风机数量	2022 年装机容量（MW）
英国	44	2542	12739	0	0
德国	29	1501	7713	0	0
荷兰	9	599	2986	0	0
丹麦	15	631	2308	0	0
比利时	11	399	2261	0	0
瑞典	5	80	192	0	0
芬兰	5	19	71	0	0
意大利	1	10	30	10	30
爱尔兰	1	7	25	0	0
葡萄牙	1	3	25	0	0
挪威	2	2	6	0	0
西班牙	1	1	5	0	0
法国	1	1	2	0	0
合计	125	5795	28363	10	30

数据来源：欧洲风能。

1.1.2　海上风电场

随着海上风电场的快速发展，风机单机容量不断增加。自 2015 年以来，海上风机容量以 16% 的速度稳定增长。2020 年安装的海上风机平均额定容量达到 8.2MW，但整体发展趋势仍是风机容量逐步大型化。预计 2022 年之后投产的项目，单机容量将在 10~13MW 之间。与 2009 年安装在北海 Horns Rev 2 项目的海上风机相比，风机机组容量实现了巨大增长；Horns Rev 2 采用了西门子 SWT-2.3-93 风机，容量仅为 2.3MW/台。

目前，15MW 以上机型已在市场上推出❶，预示着海上风机能够产生更为丰富的电能。风电场总容量取决于场址面积、单机容量、有效风资源等因素，不同风电场总容量相差较

---

❶ 2023 年 6 月 28 日，由中国长江三峡集团有限公司与金风科技股份有限公司联合研发的全球首台 16MW 海上风电机组在我国福建省平潭海域成功吊装，7 月 19 日实现并网发电，预计每年可输出超过 $6600×10^4 kW·h$ 的清洁电能。——译者注

大。在欧洲，英国、丹麦、比利时和荷兰是海上风电场建设的主力军，完成了欧洲大部分海上风机的安装。

海上风电场的建设成本取决于海洋环境、地理条件及技术水平等因素。由于建设场地、项目规模等条件的差别，海上风电场造价的变化范围也比较大。通常，装机容量为几兆瓦的风场成本约 5000 万欧元，而装机容量在 500MW 以上的风场成本超过 20 亿欧元。

本书通过介绍海上风电场的快速发展及未来前景，为读者提供了进入海上风电这个复杂行业必备的知识。

1.2 海上安装

海上风电场建设是一项非常复杂的系统工程，涉及多方协作，各主要参与方包括：

（1）业主方：负责海上风电场建设的整体规划和实施，监督整体项目的进展，对开发的关键环节进行决策。

（2）主承包商：在海上风电场施工过程中承担主要职责，负责项目的整体协调和运作；根据合同类型，主承包商有不同的称呼，如运输安装承包商、总承包商等。

（3）分包商：代表主承包商处理具体的工作任务。

（4）供货商：供应设备、物资耗材或安装装置的公司，在海上施工过程中具有关键作用。

良好的项目管理及上述各方的通力合作是项目顺利实施的关键所在。

1.2.1 风电场项目建设主要运行阶段

海上风电场建设要经历多个不同阶段，下面将概括介绍主要的作业阶段，每项作业都涉及不同的工作范围、合同约定以及不同的承包商。

（1）规划阶段：复杂的海上风电项目通常需要较长一段时间进行规划，涉及的作业程序和施工方法可能会多次调整变更，这需要项目团队及时跟踪，并执行变更要求。

（2）风场评估：收集风电场模拟所需要的海洋环境数据，评估风电场建设的可行性。一般情况下，需要在现场安装测风塔（气象观测塔），记录数年以来目标区域的风、浪和流等环境数据。本阶段还需要开展环境影响评价，但由于处于项目前期，该阶段的海上现场作业非常有限，通常更侧重于研究分析与审批程序，可能需要几年时间。

（3）风场准备：每个风电场的场址形态和地层条件不同，应进行深入评估和分析。例如，自升式风电安装船在目标海域就位时，需要检查桩靴的就位场址是否有未爆炸物或者巨石；也可能由于土壤过于松软或强度不足，需要事先进行海床地基处理，之后才能进行船舶就位或者风机基础的安装。因此，该阶段涉及大量的前期研究，可能会持续 1~2 年，并根据研究结果决定进行哪些海上作业。

（4）建造：组建待安装的主体，通常与下述安装步骤同步进行。

（5）基础安装：包括风机基础的海上运输与现场安装，通常使用大型起重船和运输船舶，以及其他支持服务船舶。基础安装需要 1~2 年的准备时间，以及 2~3 年的海上施工周期。

（6）海上升压站安装：海上变电站（Offshore Substation，OSS，即海上升压站）的安装需要专业施工船舶。由于船舶资源紧张，通常需要提前锁定，以降低对项目成本的影响。海上升压站采用传统的导管架平台形式，虽然结构整体尺寸及质量较大，陆上和海上施工较为困难，但与传统导管架平台相比并没有特殊性，业界仍将其作为一种常规施工。导管架及上部组块的海上安装一般需要几天或者几周时间。

（7）海底电缆敷设：海底电缆连接各风电机组，将电能传输至陆上集控中心；电缆的采购和制造是这一阶段主要的工作内容。海底电缆的敷设需要专业施工船舶和设备，施工作业周期长达 2 年❶。

（8）风电机组安装：该部分作业是海上风电场建设的最后一个环节，一般由风机制造商和供应商负责。风电机组部件（包括塔筒、机舱、轮毂和叶片）运输到现场，按顺序依次安装在基础之上。由于风电机组的吊装对稳定性要求较高，该项作业通常选择在台风较少的季节进行，根据风电场的规模，可能需要一到两个作业季节。

（9）调试：确保风电场发电安全，顺利并入电网。

1.2.2 海上作业

每个施工阶段都会涉及海上作业，本节将重点阐述风机基础或风电机组安装等各项海上作业的主要操作步骤。

1.2.2.1 船舶和设备的动员

海上施工作业开始之初，应进行船舶和设备的动员（图 1.2.1）。通常，需要在港口或码头同时准备施工中需要投入的各种船舶及运输驳船。船舶应配备主要的施工机具（打桩锤、吊装索具、集装箱等），以及将要安装的基础和风机部件（单桩、叶片等）。还应对施工设备进行功能检查和性能测试（Site Acceptance Testing，SAT，即现场验收检查），以确

---

❶ 该周期考虑了所有风电机组之间的集电海缆、输出海缆的敷设，以及接入风机基础和风电机组的时间，通常为 1~2 年。——译者注

1 海上风电行业概况

(a) 安装工具现场验收检查(一)

(b) 安装工具现场验收检查(二)

(c) 待安装部件在码头上准备装船

图 1.2.1　船舶和设备动员

保现场施工顺利，减少设备停机等待时间。甲板准备工作结束后，应对甲板上的设备及部件进行绑扎固定，抵抗运输至现场过程中可能遭遇的不利天气影响。

1.2.2.2　海上运输和施工

所有船舶做好安装准备工作后，将航行至安装现场（风电场目标场址）。通常，主安装船舶在现场施工，较小规格的船舶负责小型部件的运输（图1.2.2）。这个阶段，不仅包括船舶和设备正常进出港口和施工现场，还包括人员的后勤倒班。整个施工作业可能涉及数百人和大量的安装设备、定期更换的耗材，以及需要安装的部件。主安装船舶一次只能运输3~6个单桩基础，因此，需要往返港口运载剩余的基础。为提高现场施工效率，还可以采用其他船舶持续运输单桩基础，而主安装船舶在现场连续施工。

1.2.2.3　甲板作业

风机设备到达现场后，施工人员应提前准备好施工设备。这个过程涉及多个作业工种及不同的专业人员。例如，技术人员需要定期或不定期进行设备的维护修理；检验人员需要确保安装工具规格准确；索具工需要准备吊装索具或进行吊机检修（图1.2.3）。所有这些准备工作都需要大量时间，应尽可能在项目计划的非关键时段内完成。

1.2.2.4　吊装作业

海上施工船舶作业的最终目标是将各部件吊装到预定的安装位置，这是一项最重要、最关键也最具风险的作业，需要大量的前期准备工作。将被吊物与吊装索具连接，再连接到吊机上，然后开始进行吊装作业（图1.2.4）。由于作业准确性要求高，这些操作通常会花费几个小时。吊车司机是吊装作业的主要操作者；为确保吊装作业顺利进行，在整个操作过程中，吊装监督应全力配合吊车司机，及时下达稳定、持续的反馈和指令。

1.2.2.5　水下作业

施工过程中，并不是所有作业都在水面以上进行，有些需要在水下操作完成。目前，大部分风机安装在相对较浅的水域，这种情况下应尽可能减少水下操作。在水下作业过程中，通常需要使用无人遥控潜水器也称水下机器人（ROV）进行可视化监测，也可以由水下机器人执行一些简单的任务，如断开索具连接等（图1.2.5）。其他完全在水下进行的作业，也需要通过水上控制来完成。

每个海上风电场项目及各项施工操作都有其特殊性和差异性。以上介绍了主要的海上施工作业内容，1.3节将介绍海上风电安装船的施工作业。

(a) 施工船舶

(b) 人员通过运动补偿舷梯登船

(c) 单桩基础海上吊装作业

图 1.2.2　海上运输和施工

(a) 主钩检修

(b) 现场勘察

(c) 设备维护

图 1.2.3　甲板作业

(a) 从甲板起吊水下打桩基盘(一)

(b) 从甲板起吊水下打桩基盘(二)

(c) 吊装叶片并连接至风机机舱

图 1.2.4　常见吊装作业

(a) 吊装水下设备

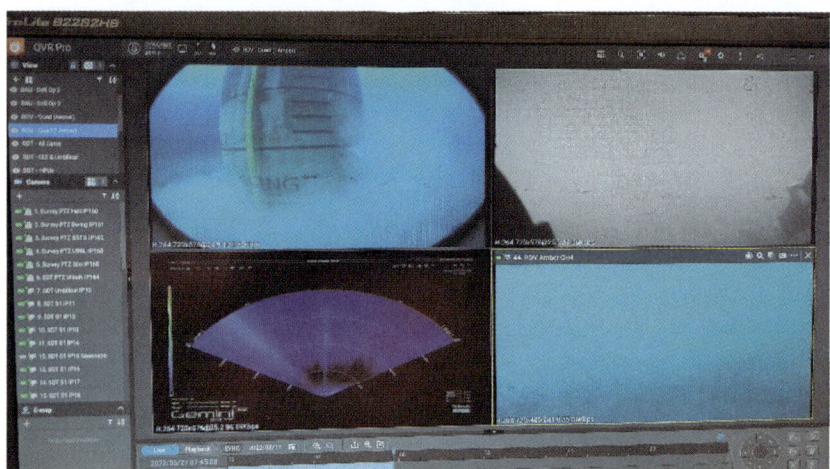

(b) 水下机器人监测

(c) 船上人员进行水下钻孔操作

图 1.2.5　水下作业

1.3 海上风电安装船

自 1991 年世界首个海上风电场（丹麦 Vindeby 海上风电场）投产以来，海上风电行业发展迅猛。欧洲海上风电场建设之初，经常由于缺乏专用的海上风电安装船而出现一些复杂情况和施工延误。当时的安装船及装备主要用于石油和天然气行业，在某些情况下，主船舶尺度过大或其操作性能不适合进行海上风机安装作业；另一方面，海上风机的尺寸和安装水深直接影响所需安装船的作业限定条件，以及海上风电场安装涉及的基本操作和后勤保障。随着海上风电场开发建设的发展，对专业安装船舶多元化和高性能的需求也日益增加。例如，需要安装船舶能够提供更大的甲板空间、更强的运输能力和吊装能力，能够应对更加恶劣的天气条件以缩短整体施工周期等。

2003 年，MPI 海洋公司（现为 Van Oord 公司的子公司）建造了世界上第一艘专业自升式风电安装船"MPI Resolution"。这艘船至今仍在运行，由于安装部件的尺寸和重量变化增幅较大，其作业范围日益缩减，但它仍然非常适合进行项目支持性作业、安装附属结构或过渡段等部件，也可以用于海上风电场的日常维护。

海上风电场建设需要不同类型的专业化船舶资源，以完成不同类型的施工任务。在本节中，将会介绍海上风电场建设过程中不同阶段所需要投入的船舶类型。常用的安装船有重型起重船（浮吊）、自升式安装船、海缆敷设船、支持船舶（图 1.3.1）。

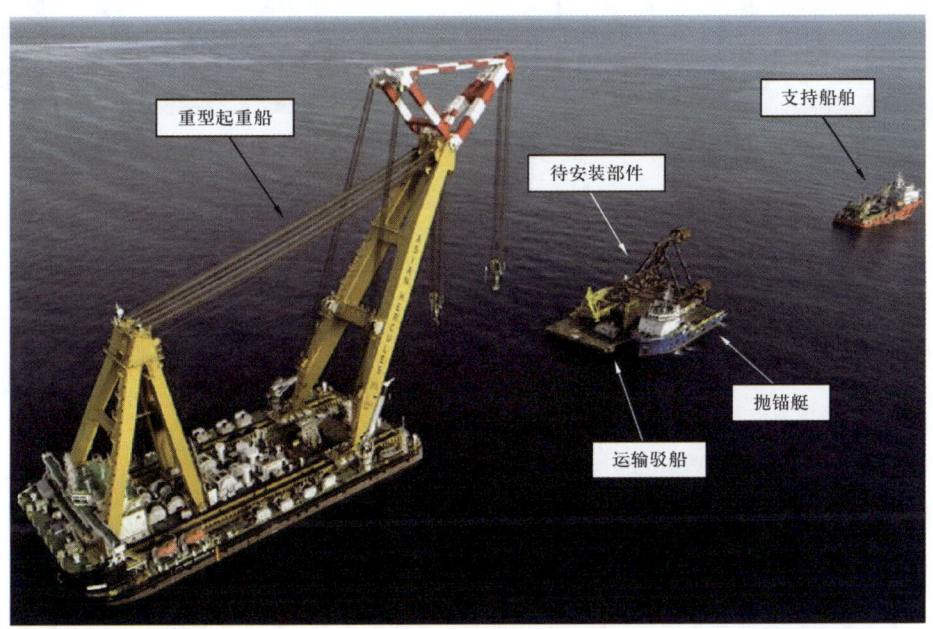

图 1.3.1 海上风电施工船舶示例

1.3.1 重型起重船

1.3.1.1 概述

重型起重船是配备大型吊机的浮式（非升降式）船舶，在海上风电场建设中主要用于运输、吊装、安装风机基础及海上升压站（Offshore High-Voltage Substations，OHVS）。重型起重船的吊装能力应能够满足海上风电场施工中的最大吊装需求，例如海上升压站，起重量可达5000t。在吊装作业过程中，通常使用动力定位（Dynamic Positioning，DP）系统保持船舶位置。动力定位系统利用计算机进行实时计算，通过适当调整螺旋桨和推进器等推进系统，自动控制船舶的位置和艏向。动力定位系统依靠多种传感器，如位置传感器、风速风向传感器、运动传感器和陀螺仪等，接收船舶的位置信息，判断影响船舶位置的环境力的大小和方向。虽然重型起重船具有强大的起重能力，但其稳定性更容易受到波浪和海流的影响。

施工过程中，一般使用两种类型的重型起重船：有甲板空间和没有甲板空间的重型起重船（图1.3.2和图1.3.3）。如Orion号（DEME）、Bokalift 1号和Bokalift 2号（Boskalis）、Strashnov号（Seaway 7）、Gulliver号（Rambiz）、Svanen号（Van Oord）。

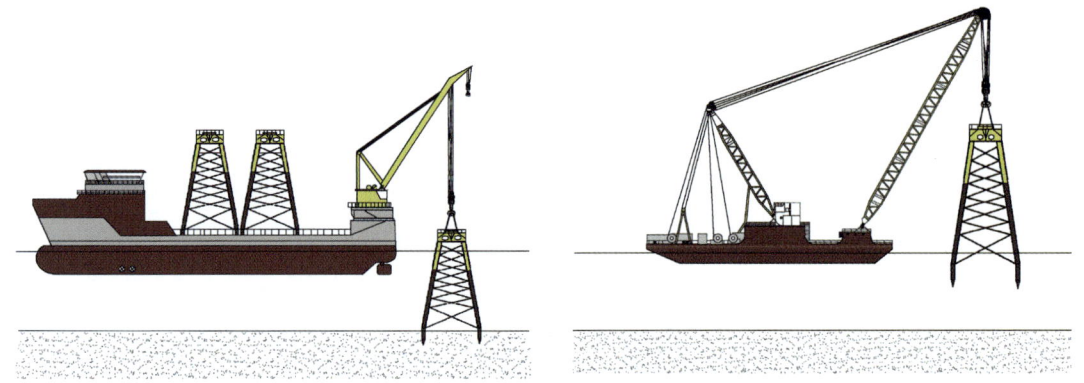

图1.3.2 重型起重船示意图

1.3.1.2 半潜式重型起重船 ❶

半潜式重型起重船（Semi-submersible Heavy-lift Vessel，SSHLV）是海洋工程项目施工的专业重型起重船，可运输和安装大型设备。在海上风电行业中，主要的大型"设备"包括海上升压站、重力式基础或导管架基础。

半潜式重型起重船设计独特，采用双船体和压载舱结构，可随时调整装载量以降低起重船重心，还能增加稳性减少倾覆风险。但这一特性往往会减小船上人员可操作的设

---

❶ 半潜式重型起重船指具有半潜、自航、重型吊装功能的起重船，通常比传统起重船具有更强的吊装能力和更高的稳定性能。——译者注

备空间。半潜式起重船还有一个主要特点是甲板面积大，起重机吊装能力强（通常超过10000t）。

(a) Orion重型起重船

(b) 亚洲大力神3号

(c) 半潜式重型起重船Sleipnir

图1.3.3　重型起重船

由于半潜式重型起重船主尺度大、建造成本高，在作业过程中，起重船的作业计划、后勤保障以及各方协作等至关重要。半潜式重型起重船不适合来回奔波于港口码头和海上风电场之间，在海上施工过程中一般长驻现场进行作业，由运输船舶承担常规的运输任务。半潜式起重船的日费和燃料消耗巨大，在经济上不具备吸引力，但这种船舶作业效率更为高效，是否选用半潜式重型起重船需要结合具体项目情况进行深入研究而确定。

Thialf and Sleipnir 号（荷兰 Herema 公司）、S7000 号（意大利 Saipem 公司）起重船为半潜式重型起重船（图1.3.4）。

(a) Thialf and Sleipnir号

(b) S7000号

图 1.3.4　半潜式重型起重船（来源：Heerema 公司和 Saipem 公司）

1.3.2　自升式风电安装船

在海上风电场建设中，自升式风电安装船主要用于运输和吊装海上风机、过渡段和风机基础。自升式风电安装船一般有 4 个桩腿（有些安装船设计有 6 个桩腿），可将船体提升至水面以上（图 1.3.5 和图 1.3.6）。自升式风电安装船的桩腿上配有桩靴，可提高地基承载力。自升式风电安装船插桩作业前，需要对插桩位置进行地质勘察与分析（地形地貌及无未爆炸物），必要时还应进行海床处理（安装泥垫等）。自升式风电安装船的另一个特点是甲板空间大，具有较强的装载能力、吊装能力以及较为完善的住宿设施。

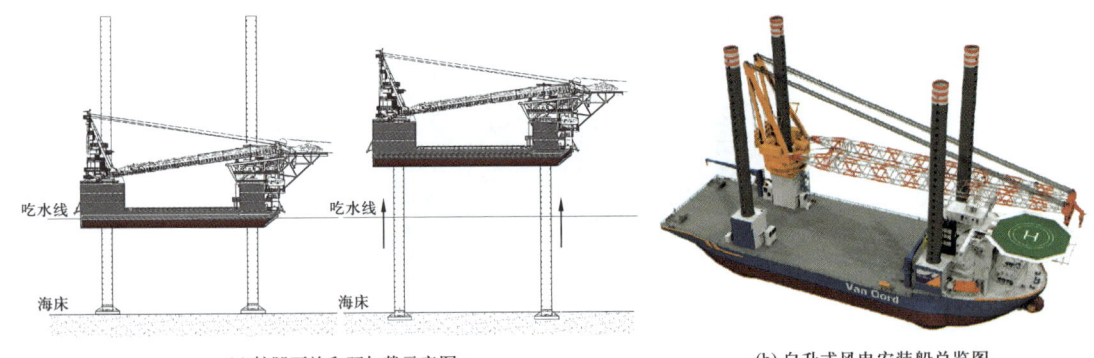

(a) 桩腿下放和预加载示意图　　(b) 自升式风电安装船总览图

图 1.3.5　自升式风电安装船

自升式风电安装船航行到达安装现场后，升降系统带动桩腿下放至海床进行插桩；然后，抬升船体至水面以上的工作高度，以便于进行后续的吊装作业。船舶升船就位后，船体自身受海洋环境（波浪和流）的影响减小，因此，这种船型更适合安装对吊装高度和稳性要求较高的风机部件。安装作业完成后，自升式风电安装船通过升降系统重新提升桩腿、下降船体至漂浮状态，然后航行至新的施工现场。

图 1.3.6　自升式风电安装船升降系统升船调试和吊装安装作业（来源：Jan De Nul 集团和 Van Oord 公司）

典型的自升式风电安装船，例如 Aeolus 号（荷兰 Van Oord 公司）、Voltaire 号（比利时 Jan De Nul 集团）、Innovation 号（比利时 DEME 集团）、Scylla 号（英国 Seajacks 公司）。

1.3.3　海缆敷设船

在海上风电行业中，海缆敷设船（以下简称敷缆船）是用于长距离海底高压电缆运输和敷设的专业施工船舶（图 1.3.7）。敷缆船设计独特，配有先进技术和装备，以确保安全、顺利、高效地敷设海底电缆。敷缆船配备有电缆储存设施和电缆传送设备，可以装载和敷设数千米海缆，将海上风机连接入电网。

图 1.3.7　敷缆船示意图

敷缆船配有吊机、电缆转盘和张紧器系统，通过电力或液压动力系统精确控制张力的大小，安全高效地将海底电缆从船舶存储区敷设到海底。海底电缆包括集电海缆（连接海上风机和海上升压站）和送出海缆（连接海上升压站和陆上变电站）。敷缆船通过动力定位系统进行定位，具有较高的机动性。根据离岸距离的远近，选择采用近岸施工船或海上施工船，将送出海缆从风场一直敷设到陆地变电站。集电海缆连接到海上风机的过程称为"电缆抽拉操作"，集电海缆电压范围为30～36kV，而送出海缆电压范围为132～245kV。

典型敷缆船，例如 Living Stone 号（DEME 公司）、Nexus 号（Van Oord 公司）和 Leonardo da Vinci 号（意大利 Prysmian 公司）（图 1.3.8）。

图 1.3.8　敷缆船 Nexus 在单桩基础附近进行电缆敷设作业（来源：Van Oord 公司）

1.3.4　支持船舶

以下介绍不同类型的支持船舶，各种支持船舶的尺寸大小、甲板容量和功能不尽相同。

海上风电场建设中，支持船舶用于准备阶段、施工阶段和调试阶段的作业支持，保障和服务主施工船舶的各项工作。这些工作包括地质勘察、安装防冲刷装置、基础运输前的准备、单桩运输供应、调试阶段的辅助支持（提供临时发电机）、挖沟（埋设海缆）或者人员住宿等。按照指定工作范围和船舶类型，支持船舶通常会配备吊机或 A 型架用于吊装各类施工设备，还配有船舶之间（或者船舶到平台之间）的步行工作系统（舷梯）、进行水下作业的无人遥控潜水器、挖沟机或埋设犁，以及其他所需要的各类设备（图 1.3.9）。一般情况下，支持船舶也是依靠动力定位系统进行定位。与主施工船相比，支持船舶价格低廉，机动性强，有助于提高整个海上施工的工作效率。

主施工船舶作业需要以下几种类型的支持船舶。

（1）海上施工船（Offshore Construction Vessels，OCV）：一种高度专业化的大型船舶，可用于各种支持性服务，如安装风机附属钢结构；进行水下作业，如潜水、无人遥控潜水器作业和水下施工。一般配备动力定位系统和折臂吊机。

（2）施工支持船（Construction Support Vessels，CSV）：一种通用型船舶，可用于各种类型的施工支持作业，配有吊机或其他起重设备，主要依靠动力定位系统或锚泊系统进行定位。

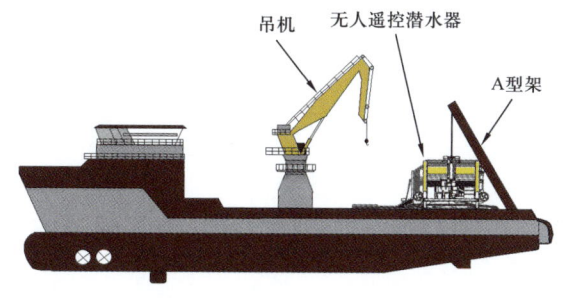

(a) 动力定位施工支持船舶示意图　　　　(b) St. Brieuc海上风电项目使用的施工支持船舶

图 1.3.9　支持船舶

（3）平台供应船（Platform Supply Vessels，PSV）或海上补给船（Offshore Supply Vessels，OSV）：一种多用途工作船，为海上作业提供后勤支持和物资保障服务，主要包括设备、耗材和人员运输，通常配备动力定位系统以保持靠近其他船舶时的定位。

（4）勘察船（Survey Vessels，SV）：一种配备专业勘察设备的船舶，用于海床地质勘察和水下结构物的调查，进行海上施工作业前扫海、施工作业后调查以及施工过程中的监测。勘察设备也可以放置在其他类型的船舶上，如海上施工船和施工支持船。

（5）运输船和驳船：将设备、材料和风机部件从港口码头运输到海上风场的船舶。作业时，至少需要一艘拖船将运输驳船拖到现场，并保障支持风电安装船的定位。

（6）三用工作船（Anchor-Handling Tug Supply，AHTS）：用于其他船舶和海洋平台的就位、起抛锚和物资补给的船舶；也可为其他海上作业提供支持，例如海底施工和勘察测量。

（7）人员运输船（Crew Transfer Vessels，CTV）：一种专门设计用于运送人员往返海上风场的专用船舶，这种船舶的典型特点是航行速度快、机动性强、水线面宽、吃水浅。

1.4　风险管理

海上风电场建设过程中存在一系列复杂的风险和挑战，建设者必须审慎管理，确保项目成功。海上风电场建设的风险管理至关重要，涉及从风场选址、风场设计到建设运营等全过程。为了确保人员安全、环境友好、项目正常交付，需要开展一系列风险识别、评估与缓解等工作。

1.4.1 HSE 管理

海上各类作业风险高，容易造成项目延期、成本增加、人员伤害、设备或环境损害等不良影响。因此，风险管理是复杂建设项目和多界面管理中最重要的方面之一。

各承包商作业施工需按照合同条款要求、通用法律、国际准则及标准执行，这些要求一般包含在"项目执行计划"和"项目 HSE 计划"等文件中，在招投标阶段由业主提供。施工承包商应根据项目具体情况，制定"项目应急计划"和"项目环保计划"，确保各项 HSE 管理措施到位。

鉴于海上作业存在各种潜在危险，除项目作业程序外，还应特别注意以下活动：交叉作业、吊装作业、海上作业。

项目施工人员应遵循以下工作准则：

（1）各项作业应有专项培训与介绍；

（2）施工作业应在富有经验且反应迅速的主管人员监督下进行；

（3）除已确定的无须防护区和室内等场所之外，在现场工作时，应随时佩戴好个人防护装备（Personal Protective Equipment，PPE）。

1.4.1.1 培训、入职和医疗健康

施工承包商应安排符合要求的人员参与每项工作。所有海上施工人员必须按照全球风能组织（Global Wind Organization，GWO）标准、海上安全基本知识介绍和应急培训（BOSIET）、直升机水下逃生训练（HUET），以及压缩空气应急呼吸系统（CA-EBS）的要求进行培训，船上人员还需要根据 STCW 95 公约的要求进行训练，培训的类型和具体内容将在下一节详细论述。

到达现场后，例如到达动员港口，所有人员必须首先接受所参与作业区域（陆上或海上）的项目入职培训，还必须在每艘参与项目的船舶上接受相关介绍并熟悉船舶情况。此外，还应组织船舶安全演习，使工作人员熟悉安全程序，例如在紧急情况下船只遇险时的弃船程序等。

所有从事项目的人员必须持有船旗国或作业国认可，或者具有同等等级的有效的健康证明。

1.4.1.2 船舶适用性

所有船舶必须处于适航状态且满足施工作业要求。为此，作业前需要进行船舶检查，确保船员都已经接受适当的培训，按照规定通过了必备的考核。

参与项目的所有船舶均需经国际船级社协会（International Association of Classification Societies，IACS）中成员船级社的检验，符合港口国及船旗国的相关规则。同时，这些船

舶还必须遵守国际海事承包商协会（International Marine Contractors Association，IMCA）对船舶类型、主尺度和操作规程的要求。

在租船前，租船方必须根据IMCA通用海上检查文件（或同等文件）以及项目自身规定的检查清单对船舶进行多项检查；检查必须由第三方审核员进行，通常包括：

（1）安全检查：应确保符合相关法律法规，如消防安全、救生设备和导航设备相关的法规标准。

（2）技术检查：评估船舶的机械、船体和其他设备的运行状况。

（3）环境检查：确保船舶符合环境法规标准，如与排放相关的法规和标准。

（4）操作检查：评估船舶履行预定工作的能力，如动力定位系统或其他专用设备的测试与检查。

对于船舶的动力定位系统操作，必须遵守IMCA-M103"动态定位船舶设计和操作指南"和IMCA-M-117DP"系统关键人员培训"的规定。动力定位船舶通常需要定位试验操作，包括在不同条件下进行多种测试，如出现一个或多个螺旋桨故障时应采取何种应对措施。

1.4.2 风险评估与缓解

从风场准备到设备现场调试等各项目施工阶段中，都存在许多潜在风险，对项目的工期计划、建设成本和安全运行产生重大影响。

为了确保海上风电场项目成功实施，有效评估并降低这些风险是至关重要的关键环节。这就要求建立一种全面而系统的风险管理办法，统筹考虑整个海上风电场的实际特点，如恶劣海洋环境的影响、专业设备和人员的需求。风险评估与缓解的过程可能需要多位专家历时数月、充分利用专业工具和方法识别项目风险，并制定降低风险的策略。虽然本书无法包含所有的内容，但可以梳理出以下主要原则：

（1）风险识别和分析：在计划阶段须进行全面风险评估，识别所有可能出现的风险，评估其发生的可能性和潜在影响。包括评估外部风险（天气因素和地质条件等）和内部风险（物资供应链中断和设备故障）。通常，由项目组组织召开安全会议，称为危害辨识分析（Hazard Identification，HAZID）和危险性与可操作性研究（Hazard and Operability Study，HAZOP）会议，由海上作业所有参与方共同识别和确定项目、流程或系统中的潜在危害和风险。

（2）制定风险缓解措施：风险识别后，应采取适当的措施降低其影响，包括制定应急计划、采用风险转移机制（保险）、执行安全协议和规程。在海上作业开始之前，所有项目参与方都必须参与危害识别和风险评估（Hazard Identification and Risk Assessment，

HIRA）。在此过程中，由各方讨论提出各种风险及降低风险的方案，最终制定出新的、切实可行的风险缓解措施。

（3）保持积极沟通与协作：为实现有效的项目风险管理，所有项目相关方（包括承包商、分包商和监管机构等）都应保持良好的沟通协作，并重视风险对项目的影响，积极承担降低风险的责任。在后续章节中，将介绍概念预演演习（Rehearsal of Concept Drill，ROC-Drill）这一强大的风险管理工具。

（4）持续监督与反馈：风险管理是一个动态连续的过程，需要持续进行监督与反馈。应定期进行检查、审计和评估风险缓解策略，确保其有效性和时效性。

（5）持续改进：风险管理是一个持续改进的过程。从之前的项目中吸取经验教训，纳入至未来的风险评估和缓解策略中，改善项目的总体成效。

在风险管理阶段，应完成以下重要文件：

（1）《风险评估》（与作业指导书相结合）：在该文件中，应识别出操作过程中存在的各类危害因素，定义与之相关联的风险，目的是将可能产生的不利影响降低至可接受的范围内。

（2）《安全工作分析》：主要用于非常规和高风险作业，包括施工步骤的分解以及对潜在后果和相关危害进行深入分析。

1.4.3　环境管理

与传统的化石燃料相比，海上风电是一种环境友好的清洁能源。然而，海上风电场的建设施工会对海洋生态环境和海洋生物多样性产生较大的影响。因此，在项目施工作业期间，需要进行严格有效的环境管理，减少对环境的不利影响，保障海上风电可持续发展。

1.4.3.1　前期建设阶段

在风电场的规划和准备阶段，需要对关键的环境风险进行识别与评估。政府部门也会设定环境保护的限制要求，项目建设方应按照这些要求开展工作并确定项目所产生的影响。

多数情况下，建设场地归政府所有。政府应制订《海洋空间规划》，明确并保护重要的生态区域，如海洋生物的敏感栖息地和物种繁殖地。《海洋空间规划》应统筹考虑生态因素，以及其他海洋开发利用（例如渔民、航运和娱乐活动）的需要。通过使用《海洋空间规划》指导海上风电场的开发建设，可以最大限度地减少对环境和其他利益相关方的影响，同时最大限度地提高可再生资源的生产效益。

除此之外，还应开展环境影响评估（Environmental Impact Assessment，EIA），识别项目的潜在环境风险和影响。环境影响评估应覆盖项目施工全过程，包括设备材料的运输、基础和风机的安装及海底电缆的敷设。环境影响评估应考虑各种因素，包括对海洋生态系统、野生动植物和栖息地的影响，以及对渔业、航运和娱乐等人类活动的潜在影响。环境影响评估主要用来识别潜在的风险，制定适当的预防管理措施，减少项目对环境的影响。

1.4.3.2　施工阶段

在施工阶段需要考虑的一项关键环境因素是，施工作业对海洋哺乳动物和鱼类等海洋生物的潜在影响。首先，应将施工作业区域设定为禁区。其次，施工方应使用最佳技术（Best Available Techniques，BAT），最大限度降低对海洋生物的影响。最佳技术是指技术合理、经济可行且最有效、最先进的工具和技术，尽可能减少对环境的不利影响。例如，将风机叶片涂上不同的颜色以减少鸟类碰撞，或者使用声学模拟发射器重新引导鸟类的飞行，使其远离风机叶片区域。

监测是预防和减轻对环境影响的另一个重要阶段，包括使用水下噪声测量，确保噪声水平在海洋生物可接受的范围内。另一种常见的监测是油污泄漏监测，如发现泄漏，必须立即采取应急处理措施。

总体而言，海上风电场建设期间，应进行有效的环境管理，需要详细规划、有效监测，并制定配套的预防处理措施，尽可能减少对环境的潜在影响。

1.4.3.3　海洋污染

MARPOL，全称为"国际防止船舶污染公约"（International Convention for the Prevention of Pollution from Ships），是由国际海事组织（International Maritime Organization，IMO）制定的一项条约，旨在防止船舶因操作或意外事故而对海洋环境造成污染。该公约于1973年首次通过，后续经过多次修订。目前，MARPOL已被广泛认为是最重要的海洋污染防治国际公约。

MARPOL公约规定了有关船舶向海洋排放油污、化学品、污水、垃圾和压载水等污染物的规则和条例，要求船舶在将废弃物排放到海洋之前，应使用特定的设备，如利用油水分离器对油污进行处理，还指定某些区域为"特殊区域"，遵循更为严格的污染控制规则和条例。

每家从事海上施工作业的公司都应致力于减少对陆地和海洋等环境的影响，并针对每个特定或具体项目制定专门的环境管理程序。

1.4.4　海上HSE实践

海上作业需要遵守以下HSE标准事项。

1.4.4.1 启动会

海上作业开始前,要召开由所有作业施工关键人员参加的启动会,讨论和明确各方的工作范围,船长、海上施工经理、高级监督、客户代表、监理和HSE人员都应参加并检查安全活动计划,包括海上作业施工关注的问题、风险、天气、海况等。

1.4.4.2 班前会

班前会可确保轮班人员认识到作业活动的进展、变化及调整。在每天开始轮班或高风险作业开始之前,要召开班前会,向操作人员解释工作指令和工作职责。对于某些作业,在开始作业之前还需要开展最后一分钟风险评估(Last Minute Risk Assessment,LMRA)审查。

1.4.4.3 作业许可

在进行高风险作业或非常规操作时,如甲板焊接作业或使用吊笼进行设备维护,应采取作业许可制度。这是一项非常重要的安全预防措施,有助于确保所有必要的安全措施都已经准备到位,而且所有作业人员都非常清楚相关内容。在高风险作业开始前,工人必须获得作业许可。一般来说,应由作业监督负责准备、签发作业许可,并将作业情况通知船方。

作业许可一般包括以下主要内容:识别作业工序是否属于高风险工作类型;明确界定责任和权限区域;执行和检查必要的安全防护和保障措施;建立沟通机制和协议。

1.4.4.4 个人防护装备

个人防护装备(Personal Protective Equipment,PPE)是最后一道安全屏障,有助于最大限度地减少对身体的伤害(图1.4.1)。个人防护装备的配置应根据现场风险评估和安全管理规则来确定,可按照作业工况和识别的潜在危险,相应地选用不同类型的个人防护装备。

图1.4.1 船上作业个人防护装备的最低配置

船上作业的强制性个人防护装备主要包括：安全鞋、安全帽、护目镜、高能见度服装/连体工作服和安全手套等。

在水面附近或水面以上作业以及船与船之间转移过程中，人员需要穿戴救生衣。此外，乘坐直升机进行倒班时，所使用的主要防护设备是潜水服或救生衣。

1.4.4.5 安全工作规则

公司一般都会制定安全工作规则，如"安全工作规范"或"救生规则"。在进行关键施工作业活动时，需要遵循这些控制程序和标准规则，目的是消除或最大限度地减少操作过程中发生意外事件的风险，避免造成人员或环境损害。

海上风电场常用的安全准则主要有：吊装作业、高空作业、人工操作、落物、密闭空间作业、工业设备操作及个人防护装备的使用。

仅仅依靠上述准则并不足以降低和减少所有风险及其影响，特别是每个具体项目都有特定的风险因素。因此，现场施工方必须制定详细的作业流程和施工程序，按步骤描述作业程序和安全保障措施。对于具体的作业项目，承包商应进行针对性的风险评估，以评估和减轻项目中存在的特定风险。

1.4.5 概念预演演习

概念预演（Rehearsal of Concept，RoC）演习是一种具有实践性质的方法，可将复杂商业项目的规划和执行提前进行实际演练。这一概念起源于军队，目的是确定角色、明确任务、识别风险及提高团队预防控制风险的能力。实践证明，RoC 演习有助于识别项目风险，确定各方工作界面。

建立对作业项目的清晰理解，这本身就是一种降低风险的方法，可使作业人员认识到作业计划中的不足，进一步交流解决方案。通过寻找改进方法，作业人员和业主方可以识别项目风险并制定降低风险的措施，从而促进各参与方的团结协作，统一和明确工作界面。RoC 演习还能够改善项目分析、执行和评估的方式，借助模型或实物，进一步加强演练的时效性。从长远来看，RoC 演习可优化项目成本，使其控制在预算范围内，实现利益的最大化。

项目本身具有可变性，有可能出现很多"不可预料的事情"，进而导致作业成本增加，甚至发生事故或健康安全事件。RoC 演习可用于项目整体规划和现场安全作业等活动，包括现场安装程序、物流供应保障、风机基础和风电机组安装（图 1.4.2）。

RoC 演习可以凝聚项目共识，有助于识别项目风险、制定风险预防控制措施，同时还能够优化项目计划，加强各参与方协作和工作界面管理。

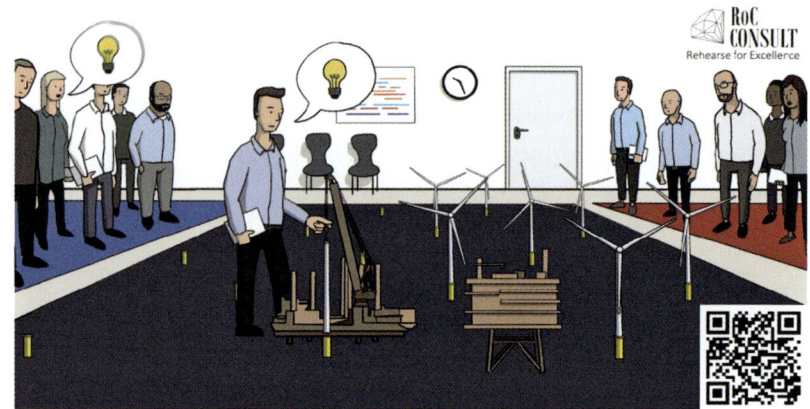

图 1.4.2　RoC 演习（来源：RoC 顾问）

1.5　海上施工人员

海上风场施工人员主要分为两类：

（1）海上船员：负责船舶的操作。

（2）海上施工人员：负责海上风电场项目的施工作业。

船员和海上施工人员可能不是来自同一家公司，因为业主方有时会从某承包商那里租赁一艘安装船舶，再将相关的施工作业承包给另一个分包商（图 1.5.1）。

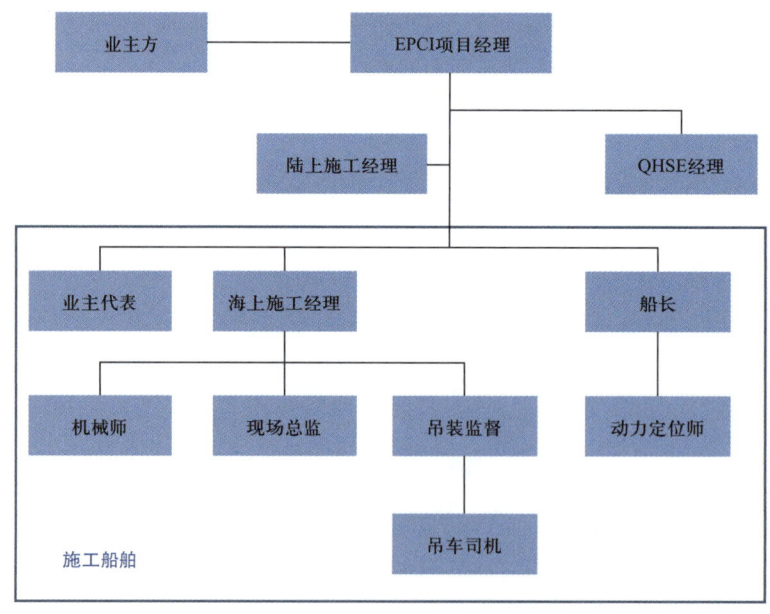

图 1.5.1　典型的海上施工项目组织结构图

1.5.1 海上船员

海上风电场施工期间，船员负责操作安装船舶，进行船舶导航和定位等作业。通常，每艘船舶至少配置以下岗位：

（1）船长：拥有船舶的最高指挥权，负有最终责任。船长要对船舶的安全高效运行，以及船上的人员和货物负责，包括船舶的适航性、人员设备安全与防护、货物吊装、航行、船员管理及合规性管理。

（2）大副：船上的第二负责人，也是甲板部的主要负责人。

（3）二副、三副：负责航行路线的规划、船舶的安全航行和船舶稳性、船舶通信、船体和甲板设备的维护，持续监督海上桥梁及港口船只等情况。

（4）轮机长：负责全船机械设备的安全、性能和效率，包括机电设备的维护保养，确保维护计划稳步实施，有效解决各类问题。

（5）轮机工程师：专业技术人员，负责检查和维护推进系统、发动机、泵和其他使船舶有效运行的技术设备。

（6）动力定位师：负责控制船舶的动力定位系统。动力定位系统可根据风浪流的变化，利用船舶自身的螺旋桨和推进器来自动保持船舶的位置和艏向。

（7）吊车司机：项目施工过程中涉及各类吊装作业，如基础安装、风机吊装和海底电缆敷设，吊车司机负责吊装作业过程中吊机的操作与设备维护。

（8）一级水手：负责施工船舶上的应急设备、救生设备、损管设备和安全设备，进行常规的维护、修理和日常清洁等，并负责值班。

1.5.2 海上施工人员

海上施工人员是安装船舶上负责海上风电场施工的专业人员，至少包括以下岗位：

（1）现场业主代表：海上风电场施工阶段，代表业主方在承包商船舶上进行施工作业的监督。

（2）海事检验师：海上风电场施工阶段，由海事检验师签发海事保险批准证书。

（3）海上施工经理：负责安全、有效地进行海上施工操作，以满足业主及工程项目经理的要求，并符合法律法规的规定。

（4）监督/海上施工副经理：负责项目的日常管理，优化生产过程或其他操作事项。

（5）HSE 工程师：海上风电场建设期间，负责遵守健康、安全和环境要求（HSE），对各个环节和过程提供支持、建议和指导。

（6）吊装监督：负责管理/实施风机及风机基础在陆上及海上的吊装作业。

（7）水文地质师：为项目团队提供所在海域的地形及水文信息。

（8）起重工班长：在吊装作业准备和实施过程中，负责监督起重工的工作，包括索具准备、吊装作业和其他相关工作。

（9）甲板长：海上风电场建设过程中，负责监督甲板船员的工作，包括索具准备、吊装作业及其他辅助性工作。对于特定的项目施工作业或风机部件，也可以安排其他工长专门负责。

（10）起重工：负责作业的实际执行，包括索具准备、吊装作业及与海上风电场建设相关的其他工作。

（11）机械师：进行特定设备的操作和维护，如转盘、埋设犁、打桩基盘、水下机器人及安装过程中用到的一系列其他设备。

（12）风机技术人员：负责风力发电机的正确安装和调试，测试电气部件和系统、机械系统及液压系统，排除机械、液压或电气故障，进行风力发电机的维护和修复。

1.5.3 基本培训要求

根据《1974 年工作场所健康和安全法》要求，雇主应向员工提供所有必要的信息、指导、培训和监督，在合理可行的范围内，确保员工在工作场所的健康和安全（HSA❶，2012）。这项英国法规已被广泛采用并作为欧洲大多数国家遵循的基本准则。除了每个专业领域的在岗人员必须接受的专业培训外，所有船上人员在进行海上施工作业之前都必须接受规定的基础培训课程。欧洲海上风电行业的各个组织均设定了基础培训要求的标准：

（1）海洋石油工业培训组织（Offshore Petroleum Industry Training Organization，OPITO）：适用全球海上作业（石油、天然气和可再生能源）❷。

（2）荷兰石油天然气勘探和生产协会（Netherlands Oil and Gas Exploration and Production Association，NOGEPA）：适用于荷兰的所有海上作业（石油、天然气和可再生能源）。

（3）全球风能组织（Global Wind Organisation，GWO）：适用于全球风能和可再生能源行业的所有工作人员（包括陆上和海上）。

1.5.3.1 海上医疗检查

海上作业人员面临着各种风险和危害，工作环境恶劣，工作时间长。一般而言，海上人员出海作业时长至少持续 2 周，每周工作 7 天，每天 12 小时（白班和夜班两班倒），大

---

❶ 全称为"Health and Safety Act"，是欧洲各国在风电场建设过程中普遍遵循的一项英国法规。——译者注
❷ 在欧洲，海上医疗检查需要通过 OPITO 或者 NOGEPA 批准。一些国家有更为严格的检查，并要求通过其他国际组织的认可。——译者注

部分海上工作还需要进行吊装作业以及繁重的体力劳动。通常采用直升机或船舶往返于海上项目施工地点。尽管海上配备有设备功能齐全的医务室，但医疗水平无法与陆地专业医院相比。因此，所有出海作业人员必须定期检查，并根据健康情况确定是否适合海上作业。在参加强制性培训课程之前，也需要确认个人健康状况。

海上体检时，应对身体和心理健康进行风险评估，主要包括以下内容：

（1）生化项目检查；

（2）听力测试；

（3）视力检查；

（4）体格检查；

（5）肺部检查；

（6）尿样取样；

（7）可能需要的血液检查。

1.5.3.2　全球风能组织培训课程

全球风能组织（GWO）为全球风能和可再生能源行业的培训制定了国际通用标准。GWO是由全球领先的风机厂商和业主方成立的非营利组织，目的是与同行分享行业信息和专业知识，提高整个行业的安全性。

GWO制定了系统的培训课程，旨在通过理论和实操训练，使学员掌握必要的基本知识和技能。这些基础安全培训内容包括：

（1）GWO火灾意识。

使学员们了解在风电行业中可能遇到的火灾危险方面的必备知识，具备控制或者减轻这些火灾危险的技能。通过课程学习，将了解火灾知识，掌握减灾技能并建立信心，以适当应对海上风电场施工过程中的火灾等紧急情况。学员将学习如何正确使用个人防护装备、应急设备等，从而提高风电行业的安全性。培训会提供真实环境下的体验，包括使用急救消防设备（First Aid Fire Appliance，FAFA）扑灭火灾、疏散到安全场所等一系列"现场"培训。理论部分培训涉及的学习内容包括：海上风机发生火灾的原因及危害、如何识别火灾的迹象、制定紧急逃生程序和正确行动方案、适当的操作和灭火方法等。

（2）GWO急救意识。

了解人体功能是必不可少的急救基础知识，在某些情况下甚至可以挽救生命。通过培训，使学员掌握必要的急救知识，了解可能遭受的伤害类型，如何为自己和同事提供急救措施。课程重点讲述海上风电场限定的进出路径，以及理论知识、实践培训和学习讨论。在讨论过程中，学员应展示出他们对依据标准以安全方式进行急救的重要性的理解。此外，学员还应能够识别急救设备，并演示在急救场景中如何正确使用这些设备［图1.5.2（a）］。

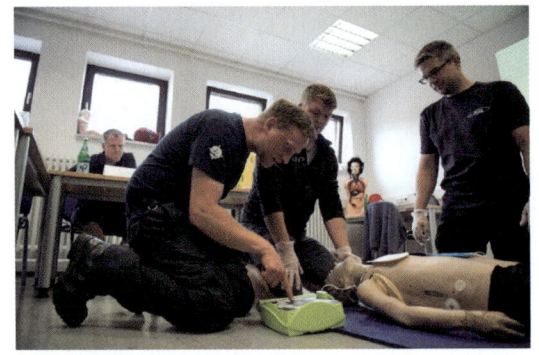
(a) 急救

(b) 海上逃生

(c) 高空作业

(d) 直升机水下逃生训练

图 1.5.2　海上急救（来源：OffTEC，2019）

（3）GWO 人工操作。

应通过理论和实践培训，正向引导学员在风电场施工中以安全方式进行人工操作。培训包括安全的手工操作和正确的设备操作等内容，使学员能够识别可能引起身体损伤风险的工作任务。应特别关注可能造成损伤的不良操作习惯、损伤的症状、出现损伤后如何报告以及减少手动损伤风险的技术。

（4）GWO 海上生存。

主要培训个人海上生存技巧、安全转移船只和设备的方法。课程包括理论培训与实践操作。实操课程一般在室内游泳池进行；理论培训主要教授低温、溺水的危险和症状等知识，介绍施工、船舶和风机相关的紧急情况及安全防护程序。通过培训，使学员了解海上风电行业通常使用的不同救生设备（Life Saving Appliance，LSA）、个人防护设备（PPE）和个人防坠落防护设备（Personal Fall Protection Equipment，PFPE）的优缺点，并能够演示如何正确使用这些设备。实践操作方面，学员必须展示从船舶到码头、船舶到风机基础以及船舶到船舶之间安全转移的能力，了解搜救（Search and Rescue，SAR）和全球海上遇险和安全系统（Global Maritime Distress and Safety System，GMDSS）的知识，展示将"落水人员"

救助上船、进行急救处理的能力。课程以逃生演习结束，学员需要使用恒速下降器从海上风机撤离到水中，在游泳池中演示个人和集体的海上生存技巧［图1.5.2（b）(d)］。

（5）高空作业。

这项培训提供高空作业，特别是在风力发电机上作业的危害及风险等知识，以及相关的作业技能，目的是满足风电行业工作人员对紧急情况响应的培训要求［图1.5.2（c）］。

1.5.3.3 海上作业基本安全和应急培训

海上安全基本知识介绍和应急培训（Basic Offshore Safety Induction and Emergency Training，BOSIET）、直升机水下逃生训练（Helicopter Underwater Escape Training，HUET）以及压缩空气应急呼吸系统（Compressed-Air Emergency Breathing System，CA-EBS）是所有海上工人（石油、天然气和可再生能源等行业）的必修课程。通过提供一系列知识和技能，向学员介绍乘坐直升机和海上工作相关的安全问题和规定，主要包括：

（1）安全引导：识别海上施工（石油、天然气和可再生能源等行业）中存在的一般性危害及与这些危害相关的潜在风险，以及如何制定控制措施来消除或降低风险。识别与海上安全相关的关键法规，解释基本的安全管理概念。

（2）消防安全和基本灭火技能：展示可以有效使用的基本消防设备，在能见度低的情况下和烟雾弥漫等区域练习自救技巧。

（3）急救：急救技巧演练。

（4）直升机安全逃生：学员使用安全设备在模拟环境中进行演练，按照程序在直升机出现紧急情况下做好准备，尤其是迫降后能够从直升机中逃生。

（5）海上生存：介绍海上生存技术。

（6）使用压缩空气应急呼吸系统：演示如何正确使用压缩空气应急呼吸系统，具有压缩空气应急呼吸系统的海上安全基本知识，应急训练/直升机水下逃生训练需要获得OPITO或NOGEPA组织的批准。

1.6 进出风电场的后勤保障

组织数百人开展海上风电施工作业，安排人员上船、下船，这本身就是一项具有巨大挑战的后勤工作，需要做好详细规划。人员进出风电场的主要通勤方式是船舶和直升机。

人员倒班是海上风电场运营过程中的一项重要工作内容。现场作业人员到达施工船舶后，一般会在船上连续工作2～4周，每周工作7天，每班12小时，之后他们会倒班到陆地进行休息。因此，选择合适的人员倒班方式，是风电场运维过程中需要考虑的一项重要工作。理想情况下，当安装船舶靠港停泊时，作业人员可以通过舷梯登船倒班。但实际情况是，安装船舶需要驻扎在现场进行施工作业，因此，通常需要一名后勤协调员来负责组织这项工作。

在欧洲海上风电场建设过程中，主要有以下两种常见的倒班方式：船舶倒班和直升机倒班。

人员倒班方式的选择应具体项目具体分析，主要取决于成本、倒班距离、监管要求和限制、作业条件限制等因素。如1.5节所述，人员在海上作业、乘坐直升机或船舶之前需要完成具体的培训课程。在乘坐直升机和船舶倒班时，人员必须穿戴救生服和救生衣（图1.6.1）。

(a) 救生服

(b) 救生衣

图 1.6.1　救生服和救生衣

1.6.1　直升机倒班

使用直升机进行人员倒班时，施工船舶必须配备直升机甲板，供直升机安全降落。如果船舶没有着陆能力，就无法选用直升机这种倒班方式。大多数新建的施工船舶都配备有直升机甲板，但并非所有船舶都具备此功能。与倒班船舶相比，直升机有可能会减少运输时间，能够适应更为恶劣的海况条件。然而，由于规划或陆地区域限制等原因，不可能所有的风电场在近岸都会设立直升机基地。同时，直升机倒班的成本较高，对登机的设备、工具，以及行李的尺寸、空间和质量都有限制，一架直升机最多可搭载12名乘客。

直升机将倒班人员（称为"上船人员"）运输至海上施工船舶，降落在直升机甲板上。上船人员离开直升机与"下船人员"进行交接。交接结束后，下船人员登上直升机离开，回到陆地休假。直升机也可用于紧急救援（图1.6.2和图1.6.3）。

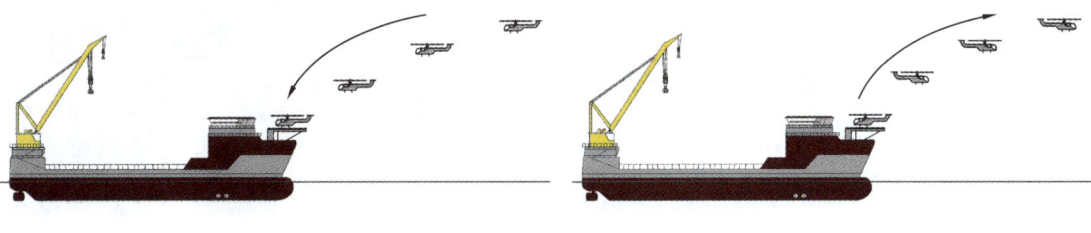

图1.6.2　直升机降落与起飞示意图

(a) 直升机起飞 (来源：Wiking)

(b) 直升机降落 (来源：CHCHeli)

图1.6.3　直升机起飞与降落

1.6.2　船舶倒班

正如其名，人员运输船是专门用于人员倒班的船舶，接送人员往返于码头和海上风电场（图1.6.4）。一般而言，人员运输船是在特定领域使用的铝制双体船，具有高速、高效的特点，可容纳12名乘客。根据不同的船舶及其设计，人员运输船的航行速度一般在15~30kn之间。为将施工人员健康地运送到作业现场，船舱内部环境较为舒适，多数船舶配备有独立悬挂座椅，最大限度地减少船舶航行引起的疲劳和不适。这些船舶都经过各类检验，成本相对较低，具有较大空间，可容纳各种行李、工具和备件。人员运输船的海况限制条件一般为波高不大于1.75m。

与直升机相比，船舶倒班方式所花费的时间更长，往往需要更长的作业窗口来实现人员的轮换。恶劣天气和海况会对人员运输船的作业能力造成不利影响，导致人员倒班延误。

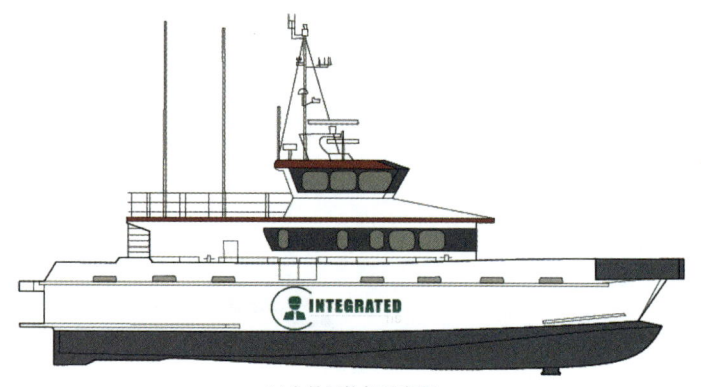
(a) 人员运输船示意图

(b) 人员运输船运送人员倒班
（来源：Integrated-TIS 和 Van Oord）

图 1.6.4　船舶倒班

当人员运输船到达施工船舶作业现场时，会低速驶入施工船舶靠船处，在施工船舶靠泊接触点处保持相对静止，以便于作业人员通过舷梯登船。由于波浪会使船舶产生晃动，在登船期间应特别注意安全。

2 固定式风机基础

2.1 基础

在进行海上风机基础设计时,应确保基础结构能够承受各种复杂组合荷载的综合作用,包括不同方向的风力及气动循环荷载、极端海况产生的静荷载和动荷载,以及在安装和运行过程中由于风机运动产生的荷载。上述荷载会导致结构发生疲劳和失效,有时甚至会引发重大事故。因此,基础结构的设计应能抵抗这些复杂和极端荷载。在确保基础结构安全的前提下,基础的建造、安装、维护和操作成本也必须在可接受范围内。每个风场场址都有其特定条件,直接影响海上风机基础和风电机组的设计,应考虑以下因素:水深、风、波浪、海流、地形地貌、工程地质条件、地震、海冰。

在基础的设计和安装过程中,水深是一项重要的影响因素。根据水深的不同,通常可将风电场所在的海域分为以下三种:浅水域(0~30m)、过渡水域(30~50m)、深水域(50~200m)。不同的水域,采用的基础形式也有所不同。基础为风电机组提供支撑,还为海底电缆提供通道(电缆进出孔),以便其连接至海上风机。

基础包括以下几种类型:

(1)单桩基础(含过渡段):适用水深 0~40m。
(2)导管架基础及三脚架基础:适用水深 25~60m。
(3)浮式基础:适用水深 50~200m。

采用浮式基础时,通过锚泊系统或桩基将基础固定于海床。采用单桩基础时,需要在桩基顶部安装过渡段;之后,再安装塔筒、机舱和叶片。

本书将重点介绍两种最常用的基础形式的安装方法:单桩基础及过渡段、导管架基础及三脚架基础。

2.1.1 单桩基础

单桩基础(Monopile,MP)为中空钢管结构,由桩锤打入海床,是支撑过渡段、平台及风电机组（包括塔筒、机舱、转子和叶片）的水下结构。通常，单桩基础适用于水深不超过 30m 的浅水海域（图 2.1.1）。

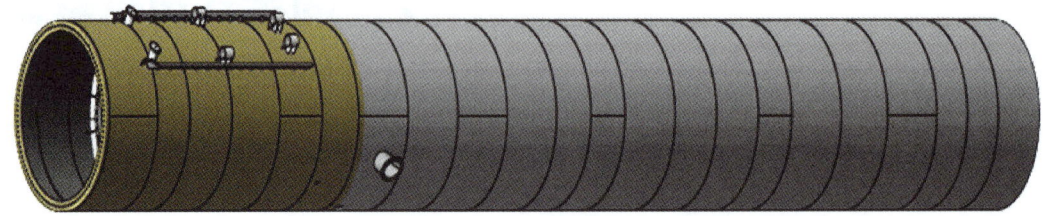

图 2.1.1　单桩基础

根据欧洲风能组织的统计，2020 年，单桩基础仍然是开发商的优选型式。在所有安装的风机基础中，占比超过 2/3（约为 80.5%）。仅 EEW 集团（国际领先的大直径钢管制造厂商）和 SIF 集团（欧洲领先的海上基础制造厂商）两家公司就在三个国家安装了 423 个以上的单桩基础，而且每年的生产数量还在增加。一方面是因为这种单桩基础形式成本低，另一方面则是因为大部分欧洲海上风场建设在水深 30m 以内的浅水海域，且北海海域的海底土质主要是砂砾为主，打桩过程中阻力较小，便于施工。

目前，已建造安装的单桩基础一般质量在 1000t 以上，如 Veja Mate 风场，单桩基础长度约为 90m，桩径为 9m，质量 1400t。单桩基础在陆地建造完成后运输至现场，在安装前进行翻桩操作，将其从水平状态调整至竖直状态。

2.1.2　过渡段或附属结构

过渡段（Transition Piece，TP）为钢质管状结构，直接与单桩基础连接，是风力发电机（Wind Turbine Generator，WTG）基础的一部分 [图 2.1.2（a）]。

过渡段通过螺栓或灌浆的方式连接固定在单桩基础上，有时仅通过摩擦力连接❶。某些情况下，过渡段与单桩基础顶部法兰先采用螺栓连接，之后再使用灌浆加固，但这种方式并不常用。打桩施工对单桩基础的垂直度可能会有影响，因此需要采用过渡段连接风机与单桩基础，以便于校正安装过程中出现的偏差。过渡段能够保护单桩基础免于腐蚀，并为平台、直梯及靠船系统等重要构件提供支撑，使风机技术人员和其他相关人员能够进出风机。

随着单桩基础安装技术的不断改进，现在还出现了附属结构（Secondary Steel，SS）安装方案❷。在这种方案中，需要分别安装进入风机的各个构件，要求提前在单桩上预制吊点、桩顶法兰和电缆进出孔。附属结构通常包括以下构件 [图 2.1.2（b）]：

---

❶ 即采用滑动接头（Slip Joint）连接单桩基础和过渡段。这种连接利用摩擦原理，依靠质量确保连接的坚固和稳定。2018 年，Heerema 公司在荷兰阿玛利亚公主风电场中第一次使用这种连接方式。——译者注

❷ 过渡段是一个完整的模块。SS 方案中，将预制完成的各个附属结构分别安装到单桩基础上。——译者注

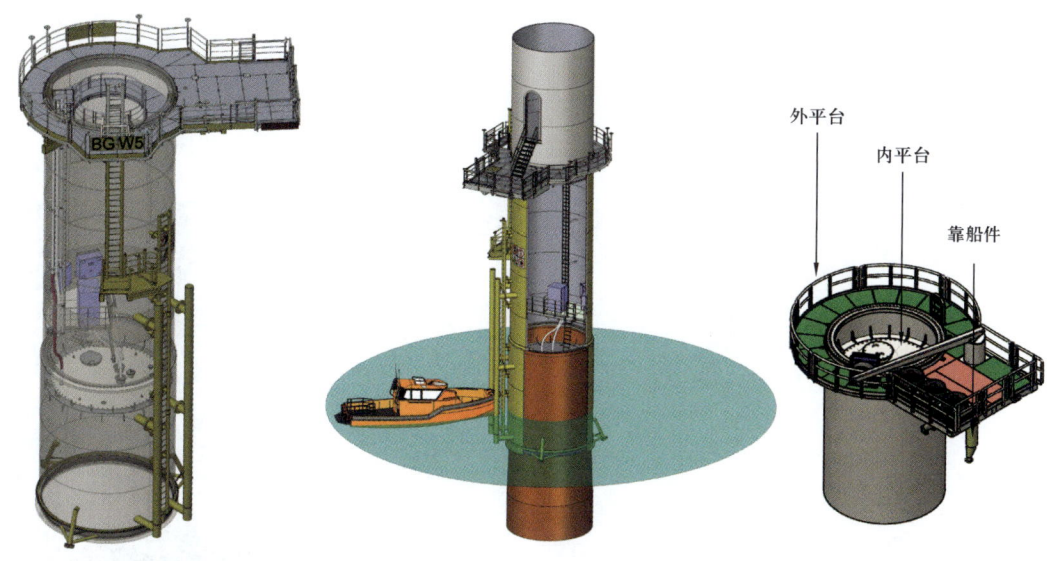

(a) 过渡段（来源：Nationale Staalprijs 项目）   (b) 附属结构（来源：IlStudio项目）

图 2.1.2 过渡段及附属结构

（1）内平台：采用螺栓固定在单桩基础的内侧法兰上（在风机法兰下方几米处），设有支撑架支撑海底电缆。

（2）靠船件：便于人员运输船停靠，使倒班人员可以出入风机，通常采用螺栓或卡子将靠船件固定在单桩基础的侧面。

（3）外平台：通过螺栓连接至单桩基础，位于风机入口外侧，提供了存储空间和进出通道，也可以用于放置冷却系统或 Davit 吊❶。

根据航海法规要求，一般情况下，需要将过渡段和所有的附属结构喷涂为黄色，以提高安装后在海上的能见度，因此，安装过渡段之前，单桩未插入海底的部分按照要求也应喷涂为黄色。

2.2 单桩基础及过渡段装船方法

"装船"是海事或海洋工程行业中的术语，指将货物从建造区域、储存区域、装船区域转运到海洋船舶上，以便运输至最终目的地。装船货物可以是海洋工程模块、基础、风机、海底电缆、陆地模块、钢结构、桁架或建筑结构，以及钢管等结构物。建造地点可以是船厂或者与海洋相通的存储设施。以下详细说明单桩基础及过渡段这两种结构装船方法的要点。

---

❶ Davit 吊由一对垂直的坚固杆和一根连接在顶部的横梁组成，可以通过手动或电动机械系统进行操作，通常用于紧急情况下吊装救生艇或船梯。——译者注

2.2.1 安装船装载

采用安装船装载时,要求船舶靠近装船区域并系泊在码头。使用船舶自有吊机或装船区域的吊机,将基础直接吊装至安装船上的固定框架并进行绑扎固定(图2.2.1)。

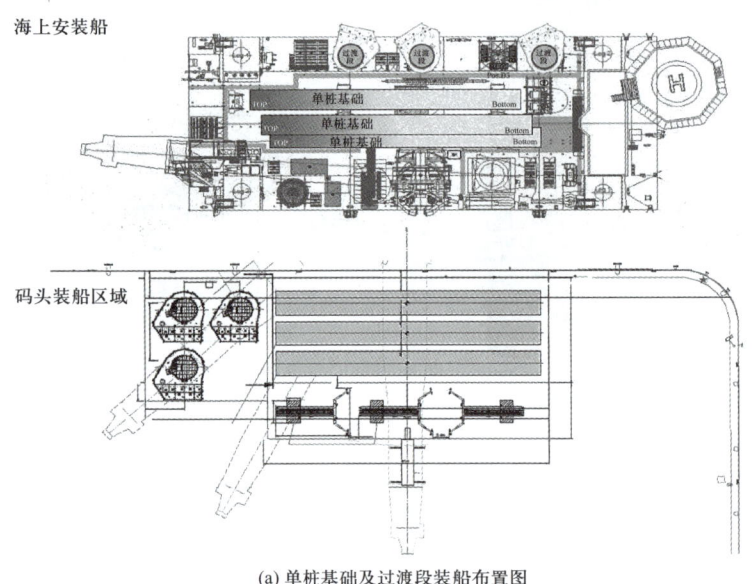

(a) 单桩基础及过渡段装船布置图

(b) DEME公司Innovation号装船
(SIF船厂)

图 2.2.1 安装船装载

安装船将基础运输至海上现场。典型的安装船可以装载3个完整的基础设施或4个单桩基础,将其运输至目的海域,完成海上安装作业,之后再返回港口进行下一次装载。

陆上设施和港口的物流运输非常复杂,需要谨慎规划。通常,使用自行式模块运输车(SPMT)将单桩基础和过渡段从陆上存储区域运输到装载区域,每个单桩基础的运输可能需要长达6h。

2.2.2 单桩基础装船控制措施

单桩基础是细长的大型钢管结构,陆地预制完成后,应将其准确吊装至施工船舶指定位置。在吊装过程中,如果失去对被吊物的控制将会导致严重后果,引发工程事故。为确保吊装过程安全、可控,需要采用主吊机和绞车/缆绳系统进行吊装过程控制,防止被吊物来回摆动(图2.2.2和图2.2.3)。

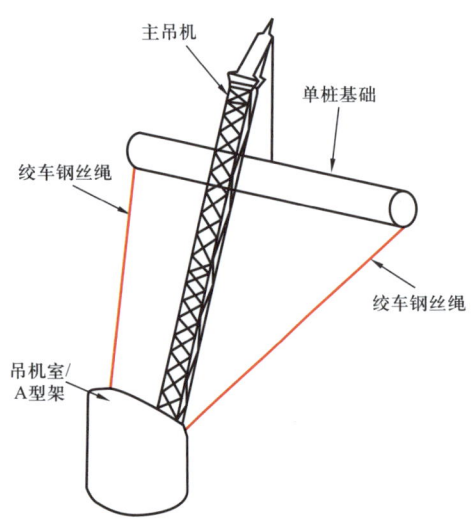

图 2.2.2 主吊机绞车钢丝绳与被吊物连接

图 2.2.3　Nordergründe 项目装船（来源：Integrated-TIS）

绞车由吊车司机或绞车手进行操作，绞车钢丝绳（钢缆）与吊装工具（吊杆）相连或直接与被吊物连接。

2.2.3　单桩基础浮运

另一种装载和运输单桩基础的方法是采用浮运技术。当浮式起重船没有甲板空间装载单桩基础时，可以采用此技术；在安装船的主尺度、吃水或者装船区域自身限制等情况下，安装船无法进入装船区域，这时也可以采用单桩基础浮运技术（图 2.2.4）。从商业角度看，这种方法具有良好的经济性。由于单桩基础可以持续不断地运输至目的地，可以最大限度地利用起重船，使其长期驻留在海上施工现场，而不必往返港口进行装载。风电开发商 Seawind 公司研究发现，未来交付超大型单桩基础（长度约 90m，质量约 1600t）时，从经济和技术的角度来看，自浮运输将是最有效的解决方案。

图 2.2.4　单桩基础浮运（来源：Seawind 和 Recharge）

为确保运输过程中结构的水密性，单桩基础两端采用封堵系统进行密封，使桩体在湿托和翻身扶正过程中能够保持足够的浮力。单桩基础浮运封堵系统由桩顶封堵器、桩尖封堵器、拖航平衡梁和远程监控系统等组成（图 2.2.5）。采用岸上吊机将单桩基础吊装入水，并与拖轮连接。

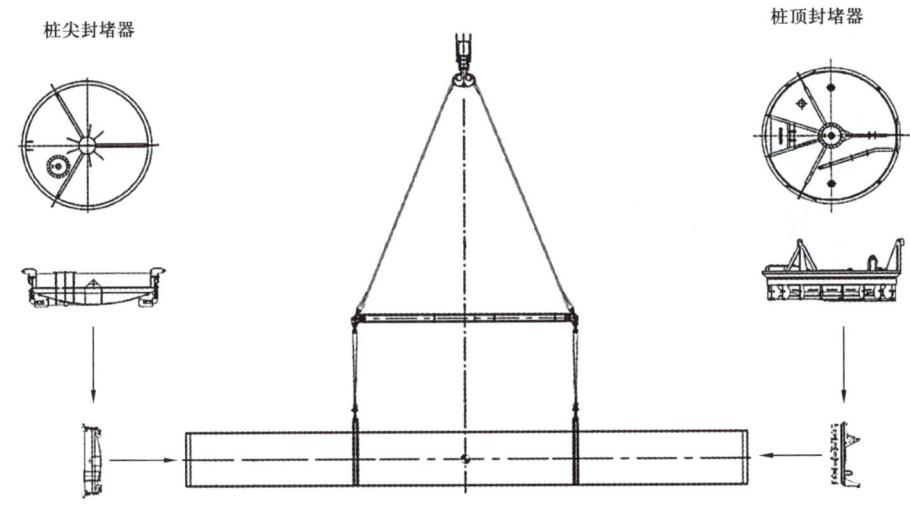

图 2.2.5　单桩基础及端部封堵器

到达施工地点后，拖轮将单桩基础拖至安装船的吊机位置处进行安装。安装过程中，为使作用在封堵系统上的压力和吊机安全负荷达到平衡，需要拆除两端的封堵系统。桩顶吊点与吊机连接，通过吊机控制单桩基础的运动。当内部压力大于大气压时，气压将桩顶封堵系统挤出桩外。底部的桩尖封堵器连接至支持吊机或拖船以控制单桩的摆动，并在拆除后回收（图 2.2.6）。

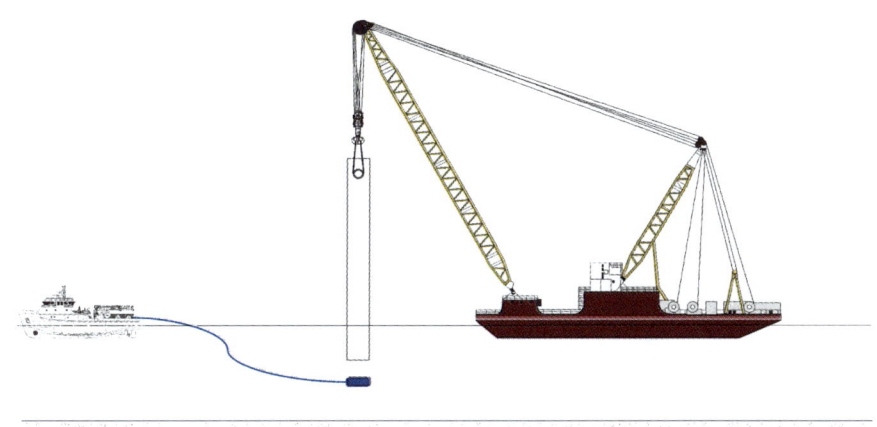

图 2.2.6　拆除端部封堵器

2.3　单桩基础安装

不同的工程项目采用的施工船舶不同，安装方法不相同，但是基本原则一致。安装船需要预先进行定位，再将单桩基础吊装至指定的锚固位置。本节将介绍单桩基础及过渡段的安装方法，以及安装之前和安装过程中所采用的措施。

2.3.1　翻桩作业

安装船到位后即可开始海上安装，单桩基础的安装从翻桩作业开始。翻桩指浮吊将单桩基础从水平位置（拖航位置，0°）吊装至垂直位置（90°）的过程，该作业需要以下两种工具。

（1）吊桩器：吊桩器是一种液压工具，专门设计用于适配法兰并支撑单桩基础重量，也称为"法兰桩扶正器"。采用主吊将吊桩器插入单桩内部，通过液压抱桩器将其装配至法兰上。吊桩器的顶口直径与桩锤相适应，底口直径与桩顶法兰内径相同。吊桩器的开、关操作可进行远距离遥控，从而避免了手动操作（图 2.3.1 和图 2.3.2）。

（2）溜尾托架：溜尾托架是一种机械/液压工具，用于安装固定在船舶甲板上的单桩基础。在单桩基础从水平状态翻转至垂直状态的过程中，溜尾托架可提供侧向及纵向约束，起到支撑单桩底部的作用，防止单桩产生不可控的摇摆或移动（图 2.3.3）。

2.3.2　浮运单桩基础的翻桩

在浮运单桩基础翻桩过程中，浮力可充当"溜尾托架"的角色。拖轮到达安装现场，将单桩基础拖至主吊机下方进行扶正和安装。安装过程中，需拆除单桩基础两端的封堵系统（图 2.3.4）。

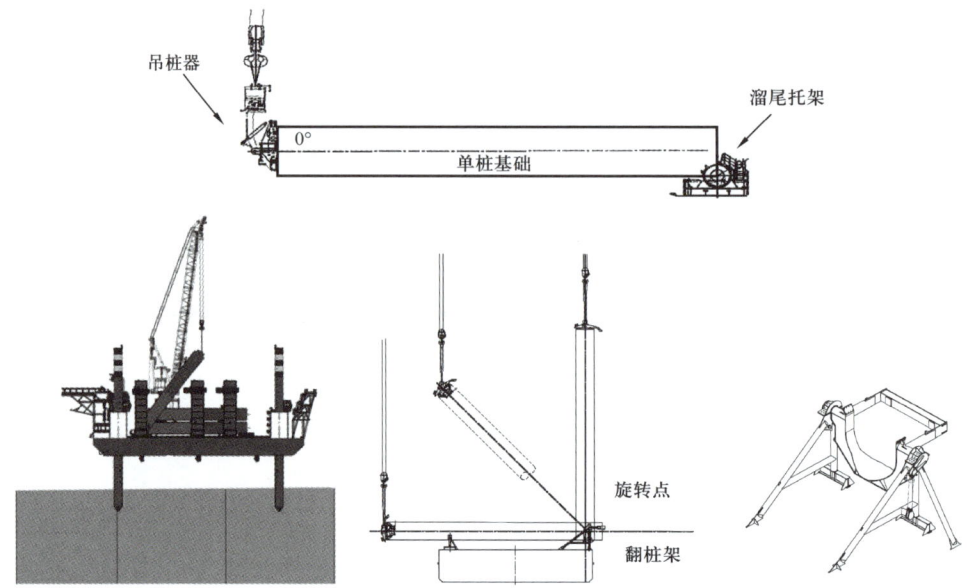

图 2.3.1 单桩基础翻桩过程及翻桩架

图 2.3.2 吊桩器（来源：Gemini 海上风电场项目和 Houlder 项目）

图 2.3.3 Nordergründe 项目单桩基础翻身及溜尾托架（来源：Integrated-TIS）

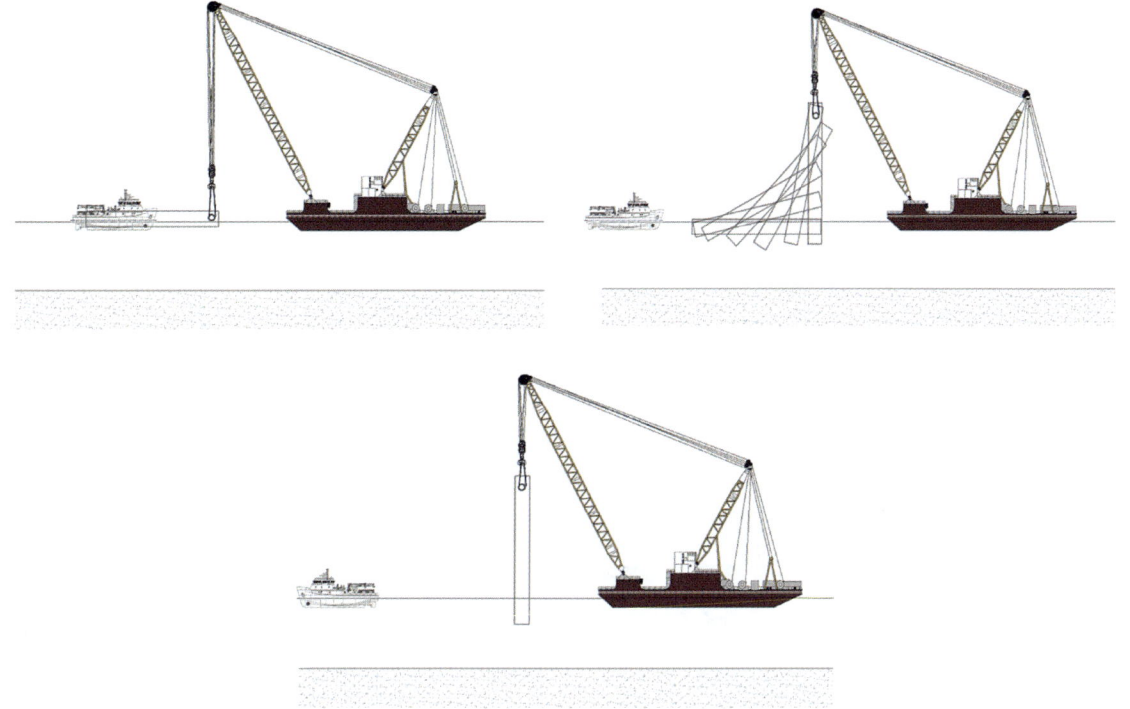

图 2.3.4　单桩基础浮运技术示意图

下面介绍一艘起重船采用这种施工方法的案例。Van Oord 公司拥有一艘 8700t 重型浮吊船 Svanen 号，该船最初是为建设横跨丹麦大海峡长约 7km 的西部大桥而设计的，现在则被用来浅水海域的单桩基础安装。限于其自身特有的设计，该船在吊装负载时既不能倾斜也不能调整吃水，因此，它只能用于极浅水作业。另外，Svanen 船的设计独特，虽然吊装能力强，但甲板上没有足够的空间放置单桩基础，因此采用了单桩基础浮运技术（图 2.3.5）。

图 2.3.5　单桩基础进入重型起重船 Svanen 的"月池"（来源：Van Oord 公司）

2.3.3 抱桩架

主安装船一般设有抱桩架，用于单桩基础的定位、导向和沉桩。单桩基础扶正后，主吊机将其转向至施工船舶侧，通过抱桩架下放至海床。这个阶段，单桩基础仅与海床接触，还没有打入土层。拆除吊桩器，抱桩架夹紧单桩基础，使其在打桩过程中保持正确的位置和角度，抵抗施工过程中作用在单桩基础上的风浪流等环境荷载。抱桩架设有可调节液压滚轮，能够准确调整桩的朝向和垂直度偏差。抱桩架可以折叠，在运输过程中放置在船舶上，现场施工需要时再打开（图 2.3.6 至图 2.3.9）。

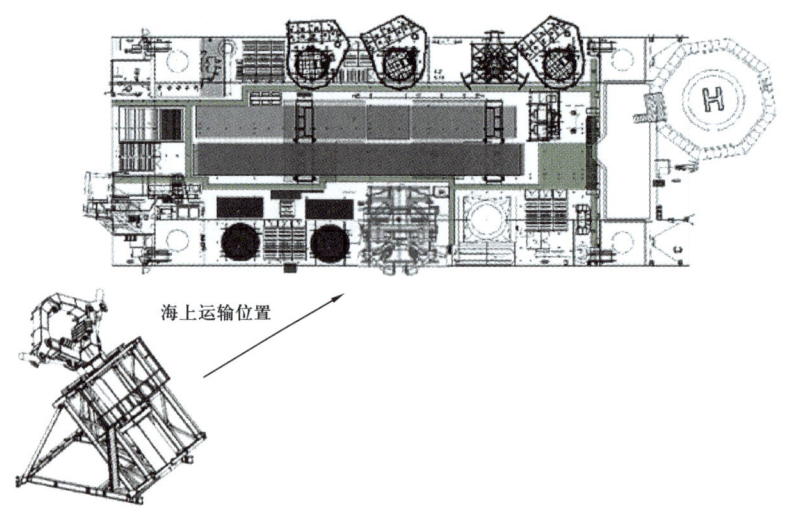

(a) 海上运输时抱桩架的位置

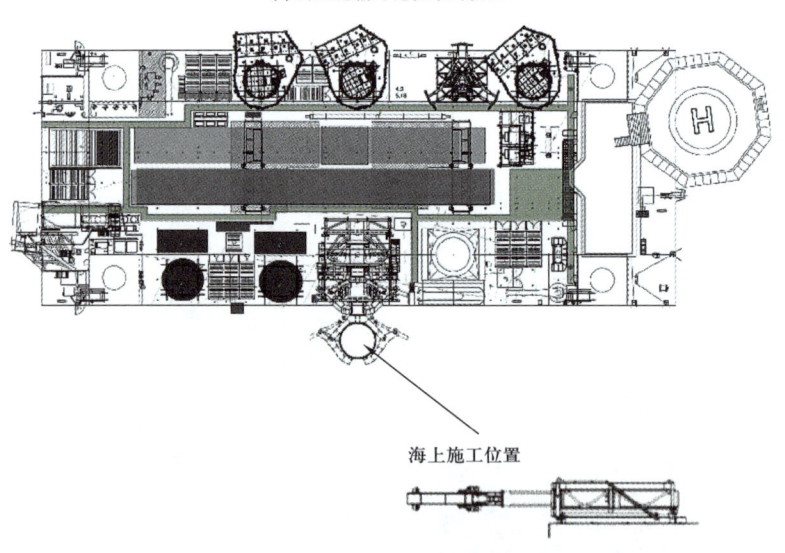

(b) 施工时抱桩架的位置

图 2.3.6 抱桩架在施工船舶上的位置

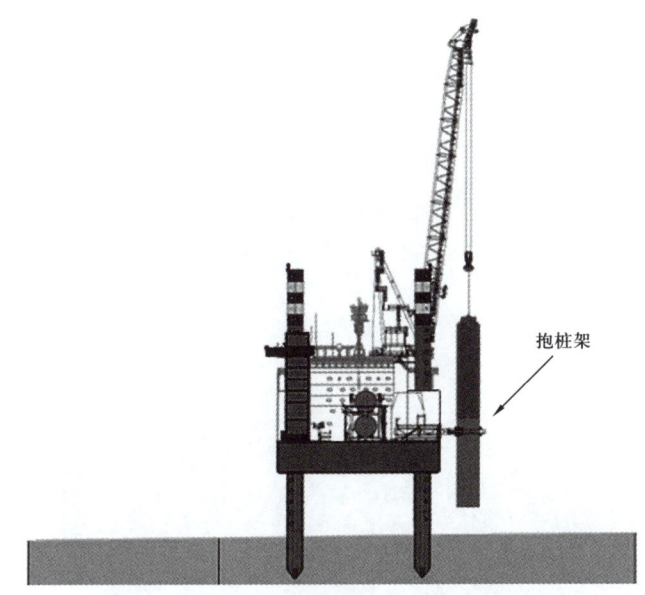

图 2.3.7 采用抱桩架安装单桩基础

图 2.3.8 放置在抱桩架中的单桩基础

2.3.4 打桩作业

桩的打入或锤入是指采用打桩锤将桩（此处指单桩基础）插入海床面以下设计入泥深度的过程，单桩基础的入泥深度由设计方根据环境条件和地质条件确定。打桩锤是海上基础施工的必备工具，一般由桩锤、气缸、锤垫、桩砧、桩帽和桩垫等部分组成。主吊将打桩锤吊装至单桩基础顶部，打桩锤的桩帽有传递锤击力、固定和保护桩头的作用，与单桩基础直径相匹配，使锤体在打桩过程中保持适当位置。打桩锤的液压工作原理是将锤芯提升到最高点位置后快速释放，以自由落体方式击打桩体，将其打入海床土壤中（图 2.3.10 至图 2.3.12）。

图 2.3.9 放置在抱桩架中的单桩基础

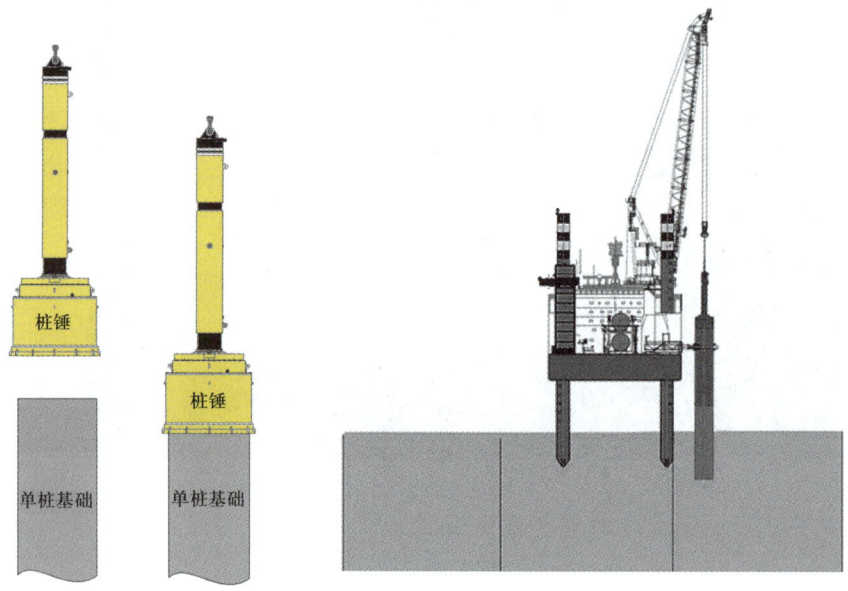

图 2.3.10 桩锤在单桩基础上的位置

目前，打桩锤的质量可以达到 700t 以上，冲击能量可达 6600kJ。与打桩作业相关的风险是打桩过程中遇到"穿刺"。单桩基础在达到设计入泥深度或设计标准规定值之前，如果打桩过程中土壤阻力突然下降（有时为意外工况），即为发生"穿刺"。这种现象会导致单桩基础和打桩锤自由下落,由于打桩锤与吊机相连,还会造成吊机峰值荷载突然增加,很可能导致吊机和吊索严重损坏。

图 2.3.11　Gemini 项目,桩锤及单桩基础(来源:Gemini 海上风电场项目)

图 2.3.12　Taranto 海上风电场打桩作业(来源:C. Della Coletta)

打桩作业会产生强烈的水下脉冲噪声,对海洋环境特别是海洋哺乳动物造成潜在危害,使近距离内生活的海洋哺乳动物耳聋、受伤甚至死亡。由于土壤性质和桩入泥深度的不同,锤击率通常在每分钟 15 次到 60 次之间,总锤击数则从 500 次到 5000 次以上不等,频率范围从 100Hz 到 400Hz。声音在水中传播的速度(约 1500m/s)比在空气中传播更快(约 340m/s),声音在水下与空气中的传播方式也有很大不同。在水下,噪声可以传播到更远的距离,哺乳动物的感知也更为强烈。为了保护海洋动物群免受海上风电场建设的噪声影响,人们采用了各种预防措施,通常在打桩作业前就已经实施了相应的预防措施。

2.3.4.1　动物卫士

动物卫士是一种声阻器,通过发出噪声,驱使动物(暂时)离开施工区域。动物卫士由 Van Oord 公司和 SEAMARCO 公司合作开发,工作原理是充分利用不同物种或物种群体对特定声音的诱导所引起的行为效应(图 2.3.13)。这种系统使海洋动物在一段时间内,不愿意生活在施工区域及周围区域。因此，动物卫士的目的是在打桩作业前，利用温和的行为效应（暂时阻止动物进入工作区域），防止打桩过程对海洋动物产生更严重的生理危害，但动物卫士并不能阻止打桩作业产生的噪声传播。

图 2.3.13　动物卫士（来源：Van der Mije 和 Van Oord）

2.3.4.2　空气帷幕

空气帷幕指风电场施工区域周围的气泡屏幕。由于水中气泡与水的密度不匹配，导致声波发生反射和吸收，从而抑制声音在水中的传播。打桩作业产生的噪声被空气帷幕阻拦，会逐渐衰减直到消失，因此，空气帷幕之间的距离将根据声波频率的衰减程度确定（图 2.3.14）。

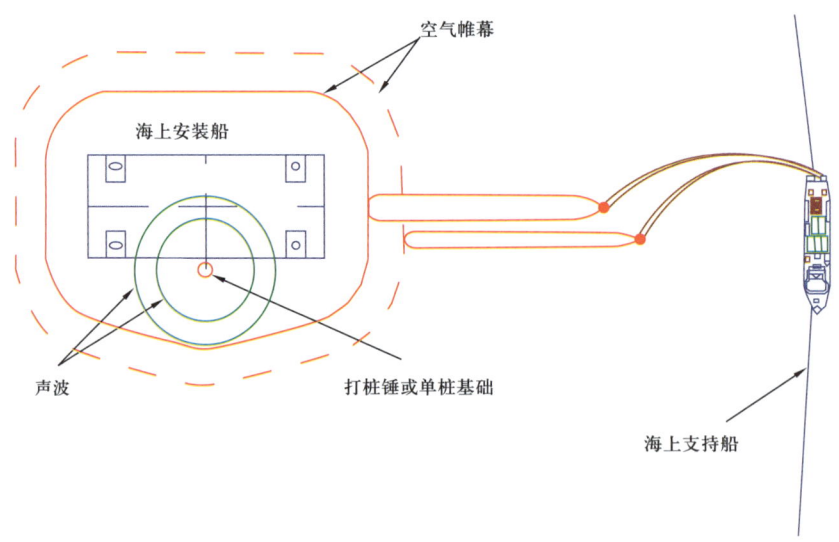

图 2.3.14　空气帷幕俯视图

打桩作业前，在施工场地周围布设圆环状软管，这些软管上开有大量的排气孔可以排出气泡。将大量无油压缩空气泵入软管，气泡就会按照特定的方式从软管排气孔逸出。最终，数百万个小气泡形成的帷幕上升到水面，在施工场地周围形成一种漩涡，即空气帷幕。气泡改变了水的密度，从而破坏声波的传播，保护海洋生物免受打桩作业噪声的危害（图 2.3.15）。

图 2.3.15　空气帷幕（来源：Hydrotechnik-luebeck）

2.3.4.3　水下降噪系统

OffNoise-Solutions 公司开发了一种降低噪声的新型技术方案，减小水下打桩作业产生的噪声。水下降噪系统（Hydro-sound-damper-system，HSD）为网状结构，网上设置有特殊的降噪元件。沿单桩基础整个高度均安装有 HSD 网，这样就可以直接从源头上降低噪声。

HSD 系统的主体包括 HSD 网、压载篮、导线和绞车。通过绞车将压载篮下放至海床；在下放过程中，充气式 HSD 元件（由泡沫或橡胶制成）可依靠自身浮力打开 HSD 网。打桩作业结束时，将压载篮吊回至船舶上，HSD 网则自动回收在篮中（图 2.3.16）。

2.3.4.4　桩锤集成式降噪系统

桩锤制造商已经开发出桩锤集成式降噪系统，例如 Menck 的 NMRU 系统和 Iqip 的 Pulse 系统。这种系统使用减震材料，放置于锤体和桩帽之间，将能量从锤体传递到桩垫上，从而降低桩锤作业过程产生的噪声和振动，减少对施工环境的不利影响。

图 2.3.16 水下降噪系统（来源：OffNoise-Solutions 公司）

2.3.5 钻孔沉桩

当遇到坚硬地层时，传统的打入桩和重力式基础都不再适用。这种情况下，通常可采用钻孔沉桩技术，即将小直径桩钻入土层，作为导管架基础、三脚架基础或大直径单桩基础的锚固点。这种概念将海上风机基础的应用区域拓展至硬质土层。

对于导管架基础，在钻孔作业前，需要首先安装水下钻孔基盘（这是一个大型钢质框架，在钻孔沉桩过程中，可对临时套管起导向和支撑作用），然后将钻头装配到套管中开始钻孔作业，一个完整（深度为 20~50m）的钻孔可能需要花费几天的时间。钻孔形成后，拆除钻头，将导向桩放入钻孔中。导向桩的直径比钻孔要小，需要在桩体与土壤之间进行灌水泥浆以提高整体稳定性。之后，将导管架腿插入导向桩中。

对于单桩基础，需要使用一种大直径钻机在海床上先钻一个定位孔；然后扩出一个更大直径的孔，称为"孔槽"，钻至要求深度；最后，使用液压锤将单桩基础插入到孔槽中。

目前，各种工具广泛应用于不同的海洋钻井工况。例如，遇有硬质基底（基岩、砂岩、石灰岩或礁石混合土层）；或者打桩过程中遇有阻力发生拒锤时，需要将桩内土塞钻掉以减少桩端阻力；或者遇到砂质沉积物时，也需要钻孔沉桩。

当使用锤击方法不能将桩打入海床时，通常采用垂向钻孔施工进行沉桩作业。有时，出于环境保护的原因，也会采用噪声较小、振动水平较低的钻孔设备进行作业。

迄今为止，只有两个海上风电项目使用这种钻孔安装基础技术：法国的圣纳泽尔海上风电场（St. Nazaire OWF）和圣布列厄克海上风电场（St. Brieuc OWF）（图 2.3.17，图 2.3.18）。然而，这两个项目使用了不同的基础形式和钻孔技术。圣纳泽尔海上风电场项目的安装方法由 DEME 海洋公司与 Herrenknecht（海瑞克）公司合作开发，其目的是通过钻孔的方式，将整个单桩基础安装在桩锤无法打入的坚硬土壤层。Van Oord 与 Bauer 合

图 2.3.17　圣纳泽尔海上风电场大型单桩基础安装采用的钻孔工具（来源：DEME 海洋公司和 Herrenknecht 公司）

图 2.3.18　圣布列厄克海上风电场导管架基础安装采用的钻孔工具

作，在圣布列厄克海上风电场通过钻孔方式安装导管架式基础。具体的施工方法是，首先在每个位置钻三个孔，然后安装导向桩，通过在导向桩内部灌浆将其牢固地固定在海床上，最后在桩的上部安装三腿导管架基础。

采用钻井工具的注意事项：

（1）对于海上风电基础的安装而言，钻孔技术并不是非常成熟。

（2）土壤特性对于基础的安装方式影响很大，可能会产生一些意想不到的问题。当岩石土层比预期还要坚硬时，会导致钻孔作业速度减慢甚至损坏工具，从而延迟项目工期。

（3）钻井工具及辅助设备占据的甲板空间较大，因而船舶所能装载的单桩基础数量就减少了，这就需要在码头多次进行装船施工。通常还需要配置灌水泥浆设备，也会占用大量的船舶空间。

2.3.6 振动沉桩

振动沉桩是一种弯曲振动技术，具有沉桩效率高、对周围环境侵扰小、噪声污染小等特点。振动锤主要由弹簧悬挂装置、离心块、振动器、夹具等部件组成。桩机工作时，电机在低频状态（<40Hz）下旋转离心块，产生的激振力会减小桩土之间的黏聚力，将桩逐步沉入砂质海床。与锤击打桩法相比，振动沉桩的能量主要集中在低频区，仅在操作频率和共振频率产生噪声；低于截止频率以下的声波在浅水区不会传播。因此，这种沉桩方式可避免产生高频能量，使连续声波保持在较低水平，从而降低沉桩作业产生的噪声。如果在沉桩过程中遇到障碍物，则采用逆向程序将桩收回。为了提高离心力，每套打桩装置上可以安装多个振动锤，确保将桩基贯入至设计入泥深度。

第一座大规模使用这种安装技术的风电场是 Riffgat 海上风电场，该风电场安装有 30 个单桩，每根桩的质量为 480~720t。单桩基础长度为 53~70m，桩顶直径为 4.7m，桩底直径为 5.7~6.5m。

Riffgat 海上风电场桩基础的最后 10m 长度，仍然需要打桩锤打入。这是因为，API 等规范对锤击数有要求，以此表明桩基础最终所能达到的承载力。目前为止，只能通过锤击打桩方式才能评估桩的极限承载力。

图 2.3.19 所示的施工船舶，配备了 CAPE Holland 公司的振动沉桩工具、打桩锤及 IHC 公司的降噪工具，占据了整个甲板空间。

CAPE Holland 公司解释说，在某些土壤条件下和/或安装非常长的桩基时，可优先采用打桩锤进行整个沉桩操作；然而，振动锤仍然是桩基安装的理想工具，因为振动锤可用于"不稳定桩基"的施工。所谓不稳定桩基，是指沉桩过程中遇有上部软弱土层时，通常会发生"溜桩",由于振动锤与桩身之间有夹具固定连接,可避免产生"溜桩"风险。

振动沉桩的另一个优点就是在桩的贯入过程中,可随时校正由于外力作用而导致的较大的安装误差。在最坏的情况下,甚至可以拆除桩基并重新安装。由于振动沉桩工具适用于水上操作和水下操作,也可用于安装大型单桩风机基础或者深达500m的水下结构固定桩。

图 2.3.19　采用振动沉桩工具和打桩锤贯入单桩(来源:RivieraMM)

采用振动沉桩法时应注意以下几个方面:

(1)多项研究表明,采用振动沉桩法安装单桩基础时,最后几米仍需要锤击法打桩。

(2)振动沉桩工具及桩锤会占用施工船舶甲板空间,减小了单桩基础或者过渡段的放置空间。

(3)从振动法改用锤击法,会花费一定的时间,因而延长了施工周期。

2.4　过渡段安装

当单桩基础贯入土层至设计入泥深度后,就可以安装过渡段(图2.4.1)。主吊机连接过渡段,将其吊离运输框架。吊机缓慢旋转过渡段至单桩基础的正上方,然后下放至桩顶。需要注意的是,在接触桩顶之前,过渡段必须旋转至正确方位。

施工船舶与过渡段之间应部署舷梯(即步行工作系统),供作业人员安全进出,使他们能够将过渡段用螺栓固定在单桩基础上。如果需要灌水泥浆进一步加强两者之间的连接,则可在螺栓连接完成后进行灌水泥浆操作(图2.4.2至图2.4.4)。

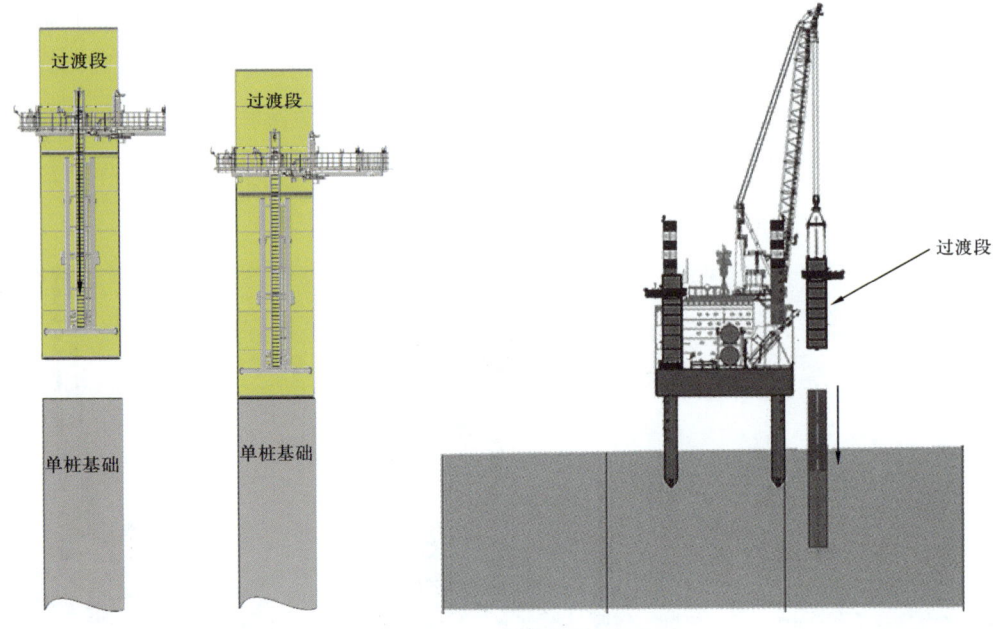

图 2.4.1 过渡段安装

图 2.4.2 海上风电场附属结构安装

2.4.1 螺栓连接

海上风机由多截面部件组成,每个截面的底部和顶部都设有法兰。法兰通过大量高性能螺栓连接，可以抵抗风、浪、流产生的力和力矩，这些外力使连接部位承受可变循环荷载的作用。

图 2.4.3　Gemini 项目过渡段安装（一）（来源：Gemini 海上风电场项目）

图 2.4.4　Gemini 项目过渡段安装（二）（来源：Gemini 海上风电场项目）

螺栓连接包括螺栓或螺纹杆、螺母、2 个垫圈。每个螺栓都插入到法兰孔中，用扭矩工具预紧（图 2.4.5）。

施加预紧力后，需要测量单桩基础与过渡段法兰面之间的间隙。如果间隙超出允许值，则应使用垫片填补间隙，形成密封层。若间隙在允许值内，则必须按照设计要求对螺栓施加一定的扭矩（图 2.4.6）。

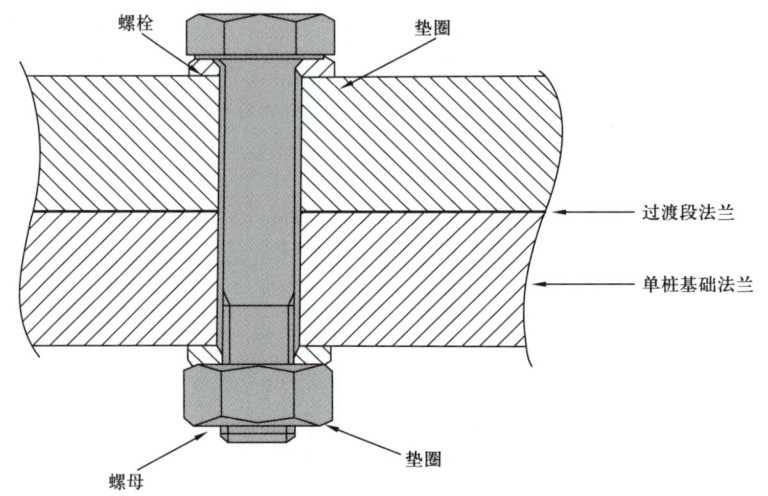

图 2.4.5　螺栓连接示例

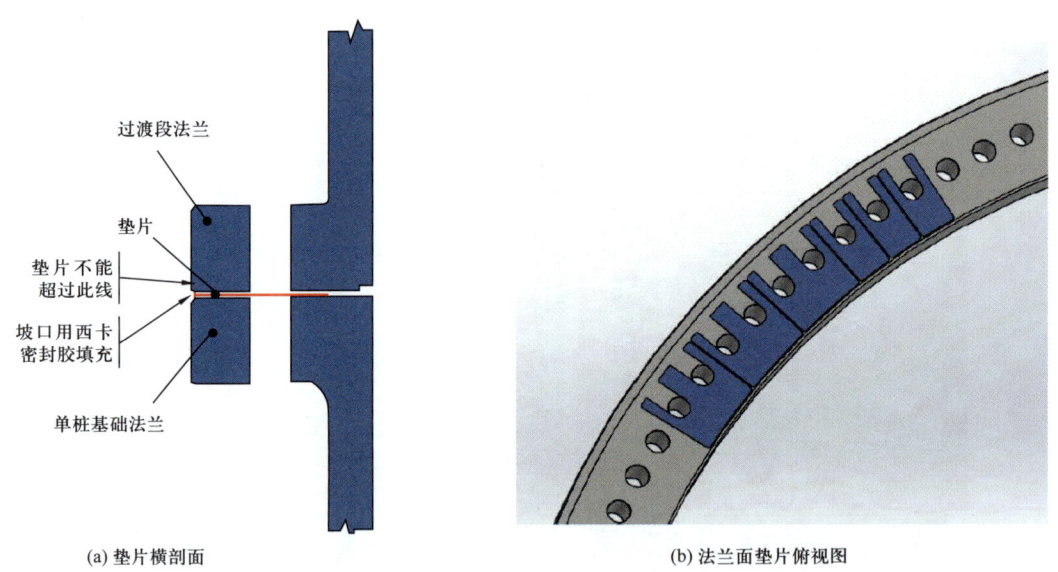

(a) 垫片横剖面　　　　　　　　　　　(b) 法兰面垫片俯视图

图 2.4.6　法兰结构详图

图 2.4.7 是常用的螺栓紧固工具，Gemini 项目过渡安装与螺栓连接如图 2.4.8 所示。

2.4.2　灌水泥浆

水泥浆是一种填充间隙的浆体，在海洋工程中用于连接上部结构的腿柱与下部桩基结构❶。在海上风电施工中，可将超强性能水泥浆灌入过渡段套筒和单桩基础外侧部分之间的环形空间，以加强两者之间的连接（图2.4.9）。

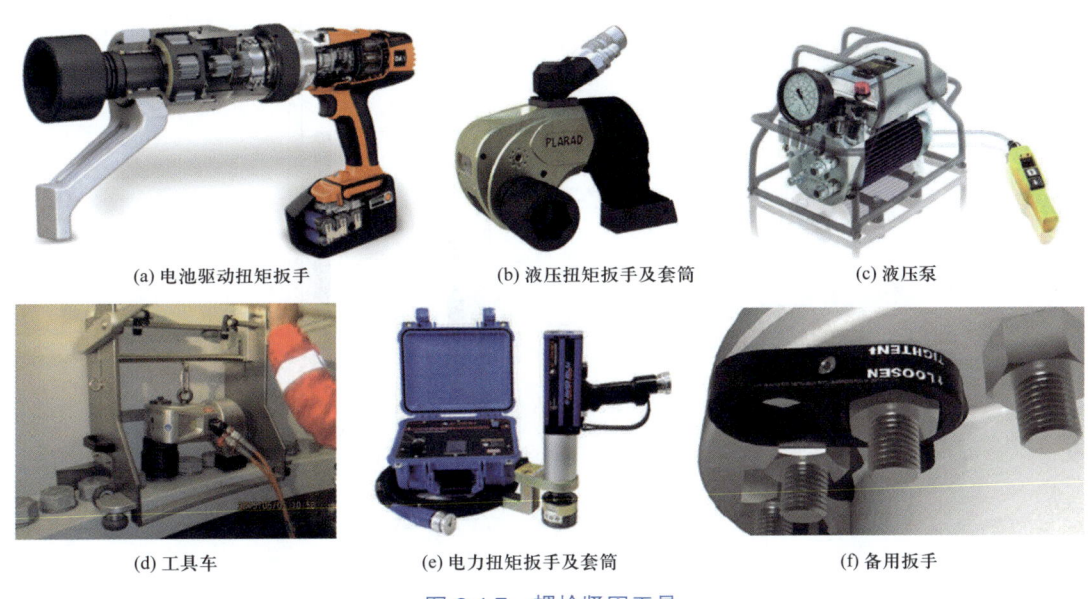

(a) 电池驱动扭矩扳手　　(b) 液压扭矩扳手及套筒　　(c) 液压泵

(d) 工具车　　(e) 电力扭矩扳手及套筒　　(f) 备用扳手

图2.4.7　螺栓紧固工具

图2.4.8　Gemini项目过渡段安装与螺栓连接（来源：Gemini海上风电场项目）

尽管工程实践已证明灌水泥浆连接是一种成功的连接技术，目前，行业内仍使用一些替代技术，如法兰连接，将单桩基础与过渡段通过螺栓连接，类似于各塔筒段之间的法兰连接。在某些情况下，还会采用灌水泥浆对螺栓连接进行加固，但这种连接方式并不经常使用。

过渡段安装至单桩基础时，在两者环形空间的底部设置有灌水泥浆密封圈，阻止水泥浆的泄漏。

---

❶ 此处指过渡段与单桩基础之间。在油气开发领域，通常指海洋平台导管架腿柱与桩基之间。——译者注

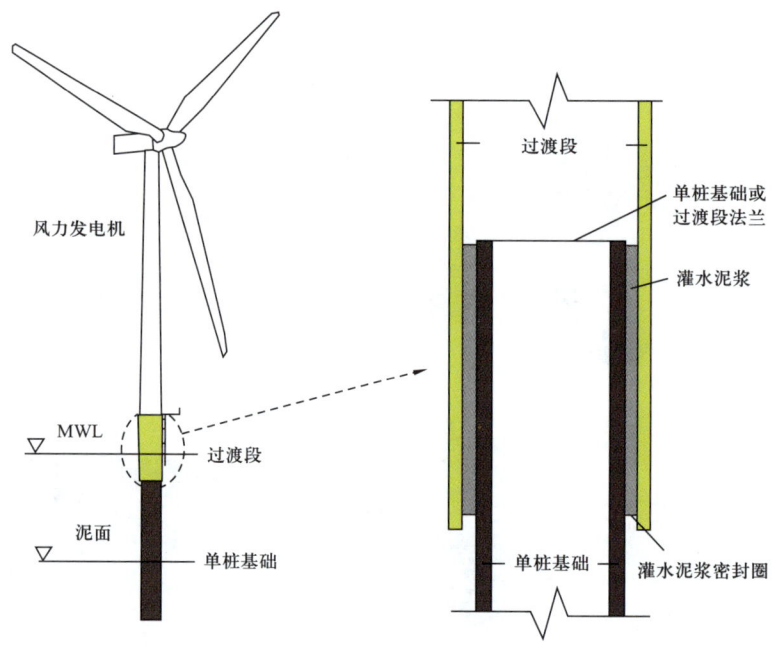

图 2.4.9　灌水泥浆连接

水泥浆灌注施工前，单桩基础侧面应清除海洋附着生物或污垢（海洋动物和植物生长附着在水下物体表面所产生的污垢）。

2.4.3　海生物清除装置

在海上风电场建设中，过渡段安装及水泥浆灌注施工前，通常需要采用海生物清除（Marine Growth Removal，MGR）装置对单桩基础进行清洗。如Claxton等专业公司采用的MGR装置中配有高压水泵，可为机械手提供高压水射流以去除海生物污垢。

MGR工具由水下喷枪、高压水泵和连接软管组成，一般为液压驱动，可在船舶或平台甲板上进行遥控。MGR工具通常还包括摄像系统，可对清洗后的桩基表面进行远程检测（图2.4.10）。

MGR工具利用高速水流的冲击力进行清洗，根据所要清洗的材质及基底情况，喷射出高压水流（速度为200L/min时喷射压

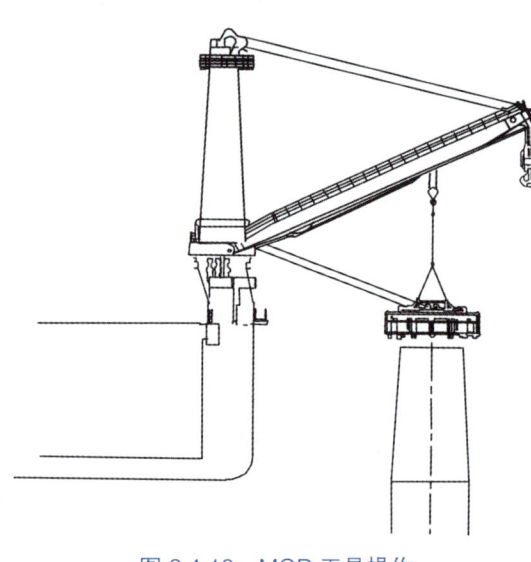

图 2.4.10　MGR 工具操作

力达到1000bar）或者超高压水流（速度为100L/min时喷射压力达到2000bar）。

通过施工船舶的主吊机将MGR工具放置在单桩基础上方，然后伸出对中框架和清洗头直至接触单桩基础表面。启动高压泵，使MGR工具缓慢地上升、下降，在此过程中清洗单桩基础的表面。重复此操作，直至整个清洗工作完成（图2.4.11）。

图2.4.11　海生物清除前后（来源：Integrated–TIS）

当螺栓连接和灌水泥浆施工结束后，施工船舶就可以离开。风机基础则做好准备工作，进行集电海缆的敷设以及风力发电机的安装（图2.4.12）。

图2.4.12　Gemini项目安装完成的过渡段阵列

2.5 导管架基础及三脚架基础

为了降低过渡水深区域的施工成本，需要不同的基础结构概念。导管架基础和三脚架基础是由钢管构件组成的空间框架结构，能够提供结构安全所需的强度和刚度；同时，在过渡水深区域，还能够在相对较小的桩基入泥深度下，提供足够的承载力。另外，导管架基础和三脚架基础的质量相对较小，具有良好的经济性，因而在5～50m之间的中等水深范围内得以广泛应用。导管架基础和三脚架基础安装完成后，不需要额外安装过渡段，这是因为导管架基础结构已经配备了所有必需的基本组件，包括平台、梯子、登船系统及风力发电机螺栓连接所需的法兰。海上安装后，基础顶部喷涂为黄色，以提高在海上的可见度（图2.5.1）。

(a) 导管架基础　　　　　　(b) 三脚架基础

图 2.5.1　导管架基础及三脚架基础

2.5.1　导管架基础装船方法

与单桩基础及过渡段基础相似，导管架基础和三脚架基础有不同的装船及运输方法。虽然可以将基础直接装载至安装船上，但安装船并不总是可以靠近装船区域（图2.5.2）。这可能是由于安装船主尺度和吃水的限制，装船区域的特殊情况，或者仅仅是因为将安装船留在施工现场而持续供应基础这种方案更为便宜。因此，需要使用替代的装船方案。

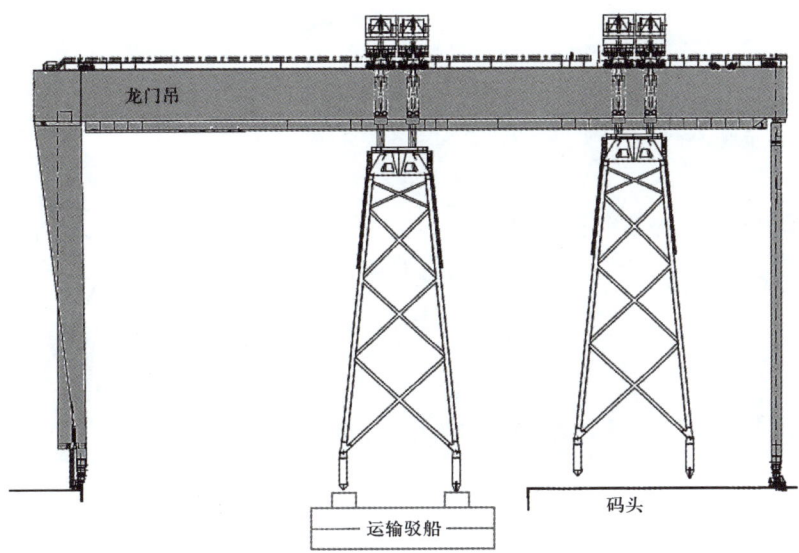

图 2.5.2 采用龙门吊机装船的示例

在丹麦，Blad 工业公司的 Lindø 工业园区，装载区域自身的特点要求使用园区内的龙门吊进行装载（图 2.5.3）。导管架基础在 12000m² 的车间内建造完成，车间顶部配备有可移动的屋顶。龙门吊吊装能力为 1000t，可将基础从车间吊出，进行翻身后放置在运输驳船上，所有这些操作均使用同一台吊机（图 2.5.4）。Lindø 工业园区为 Wikinger 和 Beatrice 海上风电场建造了导管架基础。

图 2.5.3 采用龙门吊完成导管架装船（来源：Bladt 工业股份公司）

如果船厂没有配备龙门吊，可以租赁吊机（履带吊或格林吊）进行装船，英国纽卡斯尔的 Smulders 船厂就是一个例子。Smulders 与比利时吊车公司 Sarens 签订合同，协助船厂进行 Beatrice 海上风电场导管架基础的装船工作。Sarens 在 Smulders 的码头上组装他们的吊机 SCG-120，该吊机吊装能力为 3200t，用于导管架基础的组装和装船操作（图 2.5.5）。

图 2.5.4　龙门吊进行导管架基础的翻身（来源：Bladt 公司）

图 2.5.5　导管架基础的出厂及运输（来源：Sarens 船厂和 Bladt 公司）

上述两种情况下，将基础放置在大型运输船或运输驳船上，由拖轮拖至海上施工现场。有时，也使用风电安装船进行导管架基础的运输。

2.5.2　导管架基础安装

导管架基础或三脚架基础采用桩基固定在海床上，一般有两种安装方法：先桩法和后桩法。

2.5.2.1　先桩法安装

在先桩法中，先安装水下基盘或打桩框架，以确保桩基的定位和朝向准确（图 2.5.6）。采用锤击法或钻孔法将桩基插入海床后，吊装导管架基础或三脚架基础，将其腿柱端部插入钢管桩，固定在预先安装的桩基上（图 2.5.7 和图 2.5.8）。

2.5.2.2　后桩法安装

另一种方法是后桩法，使用导管架腿上的套筒进行桩的安装（图 2.5.9）。先将导管架基础放置在海床上，然后将桩基直接打入海床进行固定（图 2.5.10）。这种施工方法通常需要提前进行准备工作，确保海床平整，并清除各种障碍物。

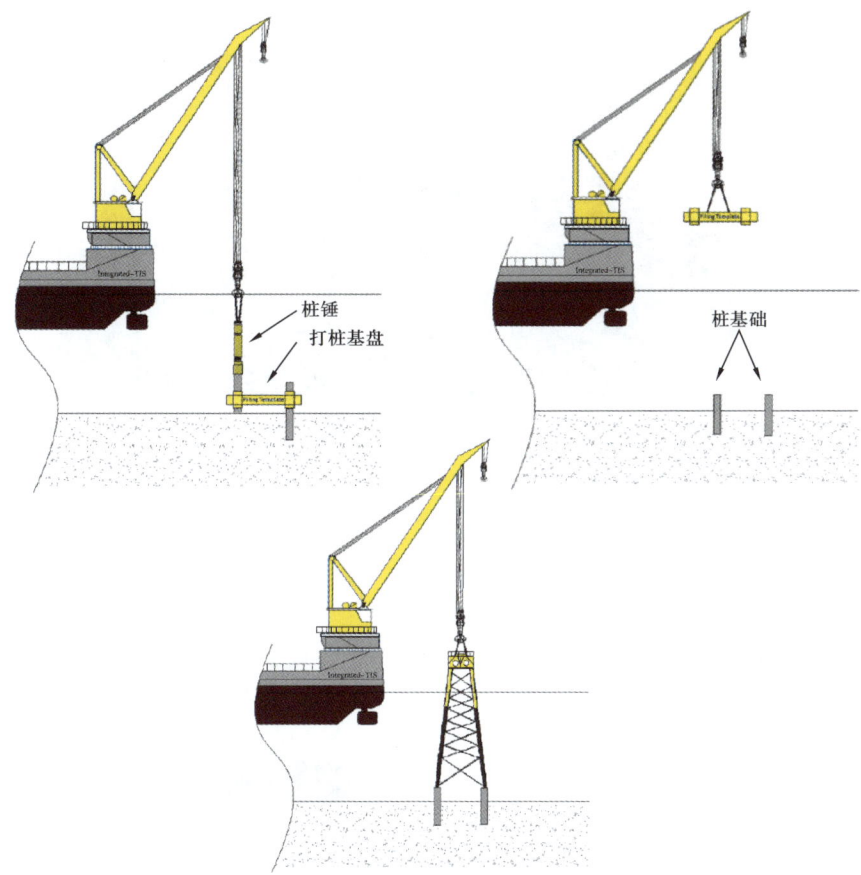

图 2.5.6　打桩及导管架基础安装

图 2.5.7　先桩法施工中的打桩基盘（来源：Seatools 和 Van Oord）

图 2.5.8　Beatrice 风电场导管架基础安装（来源：Subsea 7）

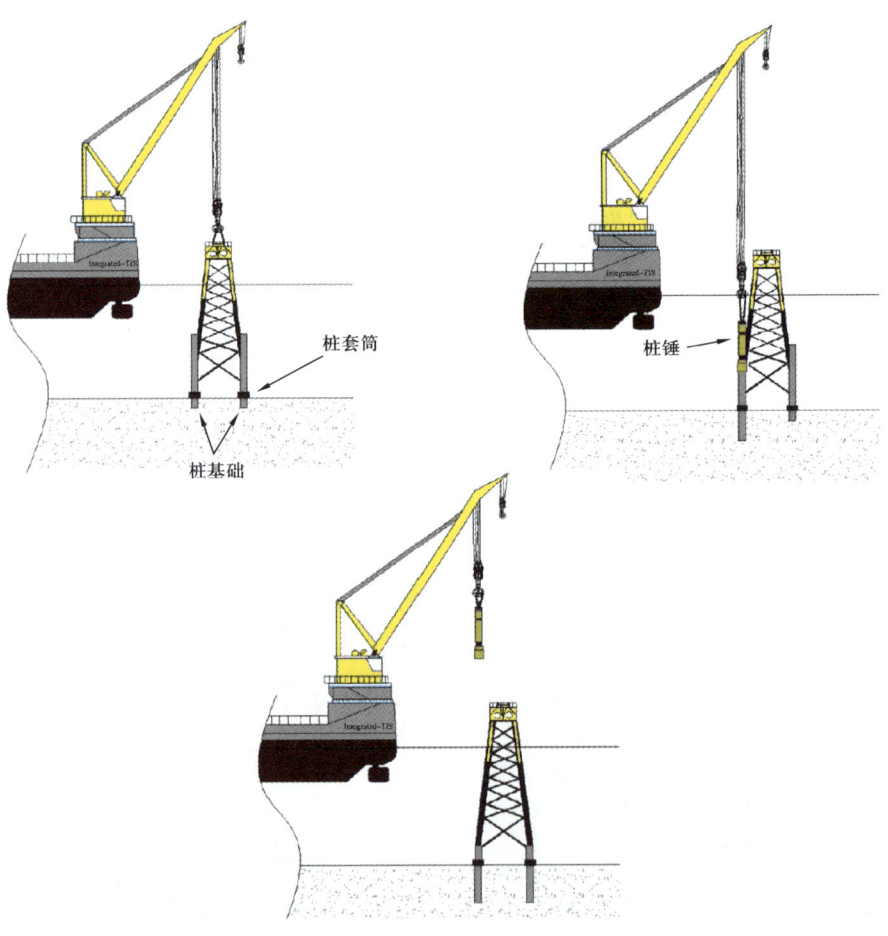

图 2.5.9　后桩法导管架基础安装

图 2.5.10　后桩法（来源：IHC-IQIP）

2.5.3　吸力桶型基础

吸力式安装基础，也称为吸力桶、吸力沉箱、吸力桩或吸力锚，自 20 世纪 80 年代起已在海洋工程中得到了广泛用（图 2.5.11）。这些基础通常为钢质或混凝土结构，采用吸力原理安装，即在桶内部及桶周围水之间产生压力差，将结构贯入土中，而不必使用其他外力（图 2.5.12）。因此，吸力式基础与其他基础形式的关键区别在于，安装设计必须要考虑土壤类型、土壤强度、安装风险（如出现石块或其他硬质物体）以及安装工艺（如贯入速度），这些因素直接影响基础的尺寸。

图 2.5.11　Seagreen 海上风电场吸力桶式导管架基础（来源：Seaway 7）

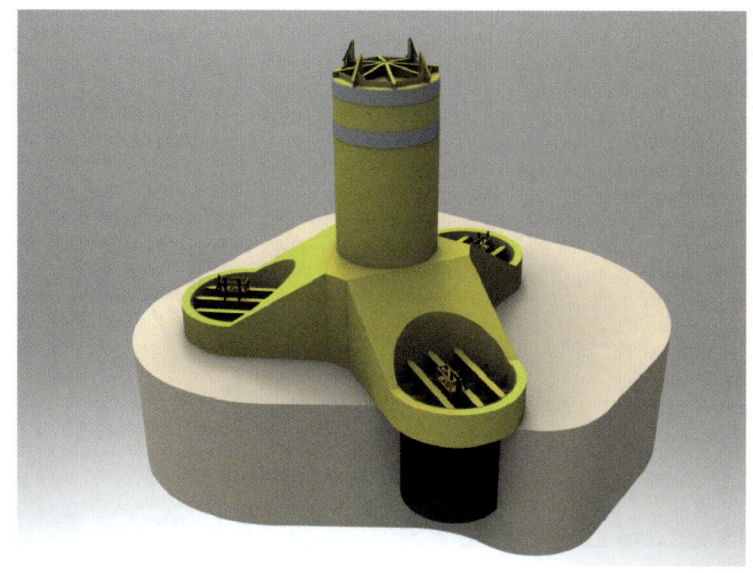

图 2.5.12　三桶式吸力沉箱基础（来源：SPT 公司）

海上风电场建设中采用的吸力桶型基础，与海洋油气开发中的典型吸力基础（吸力锚）在安装工艺上有显著不同，主要体现在以下几个方面：

（1）与结构（如导管架）刚性连接；

（2）安装水深不超过 100m；

（3）主要承受垂向荷载（弯矩及水平荷载相对较小），因此受力特性与浅基础非常类似；

（4）底部的整体尺寸较大，桶体长径比（L/D）小，通常会占用较大的空间面积，而入泥深度相对较小；

（5）不需要打桩，由于这种结构安装不会产生水下噪声，因此也不需要采取降噪措施；

（6）可以在非"打桩季节"进行安装，减少了海上风电场安装关键路径上的时间压力；

（7）安装过程极其快速高效，可减少海上安装成本，实现更为高效的项目交付。

另一方面，由于单桩基础是海上风电场中最常用的基础形式，因此，对这两种基础方案进行了对比。总而言之，与单桩基础相比，吸力桶型基础有以下局限性：

（1）底部尺寸非常大（直径 30～40m），在防冲刷保护方面提出了更高要求；

（2）由于贯入深度浅，这种结构不适用于有大型沙波或海床易流动的区域；

（3）在浅水区域（水深＜20m）安装较为困难；

（4）安装过程与土壤类型及土体强度密切相关；

（5）安装过程有潜在风险，这主要是由于土壤与结构的接触体积较大（地质变化风险较大，桶体在贯入过程中有可能碰到巨大的石块或硬质物体），发生风险时缺乏切实可行的应对措施；

（6）安装经验有限；

（7）建造经验及规模有限；

（8）整体成本可能较高。

2.6 冲刷

海床由不同粒径的沉积物组成，波浪和海流可以引起海床颗粒的持续运动，从而对固定结构周围的海床产生侵蚀。冲刷是"侵蚀"的一种特定形式，指海洋结构物附近海床颗粒在水动力的作用下流失。在固定结构物周围，波浪和海流的运动场发生了改变（或是水流加强，或是产生旋涡），将土壤颗粒从结构的一侧冲走，最终在该侧形成冲刷坑（图 2.6.1）。

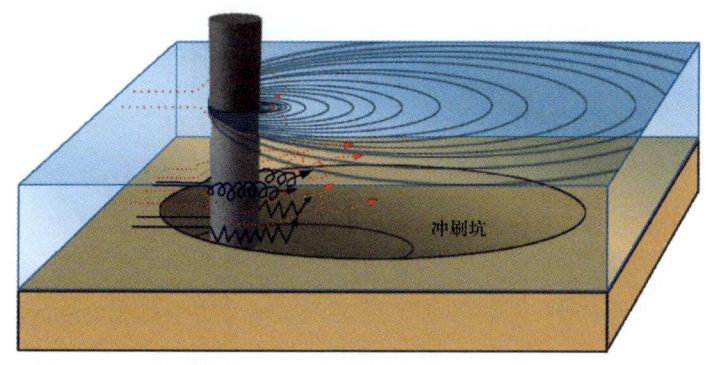

图 2.6.1　单桩基础周围的冲刷效应

2.6.1　工程地质及地球物理调查

需要进行详细的现场海床动力学调查与分析，确定海上风电场址的潜在冲刷风险。分析的重点应集中于海床的活动部分（沙波及巨型波痕），详细评估其尺寸和运移速度，必要时还应确定防止冲刷的缓解措施。

工程地质调查不仅提供了海床的整体情况，也为电缆路由的规划、打桩作业、系泊条件和锚固方案等提供了详细依据。

地球物理调查设备包括宽覆盖高分辨率多波束声呐、磁力仪、高分辨率拖曳式侧扫声呐、高分辨率/浅地层剖面仪、中穿透单/多通道地震系统、全球导航卫星定位系统、姿态仪、超短基线水下定位传感器等。调查范围从滩海到离岸数十千米，海床面以下调查深度达到约75m。

2.6.2 冲刷防护

在冲刷作用下,桩基的埋置深度减小,泥面转角增大,造成整体结构自振频率减小,接近于波浪频率,使基础更容易产生疲劳。因此,应通过采取防冲刷保护措施,尽可能防止出现冲刷现象,避免产生结构稳定性问题,保护集电海缆和送出海缆。

2.6.3 防冲刷保护措施

为确保下部海床稳定(即防止沉积物发生侵蚀),防冲刷保护措施应满足以下三个重要标准(图2.6.2):

(1)外部稳定性:设计荷载作用下,防护层的上部土层应能够保持足够稳定。

(2)内部稳定性:避免下部沉积物穿过防护层孔隙流失而产生冲刷。

(3)滑坡稳定性:防护层应能够防止产生滑坡现象。

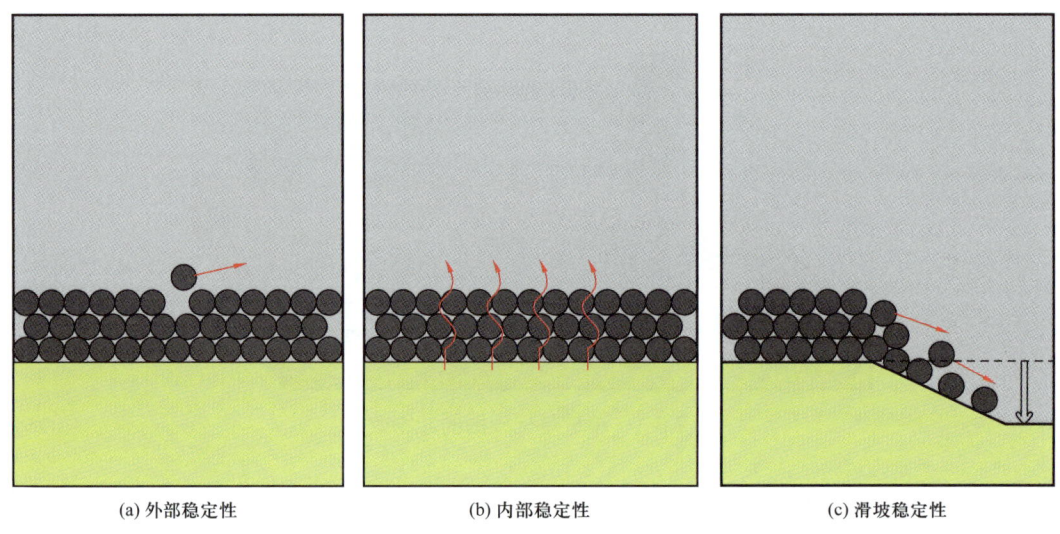

图2.6.2 冲刷防护标准(来源:Deltaris)

2.6.3.1 传统的防冲刷保护措施

传统的防冲刷保护措施包括预安装过滤层,单桩基础穿过过滤层打至设计入泥深度。过滤层可提供冲刷防护的内部稳定性,防止下部沉积物发生侵蚀。单桩基础打入后,应立即在过滤层上方覆盖保护层,提供外部稳定性。保护层可由石块和/或砂袋等较大的物体组成。

下面讨论两种不同的常规冲刷防护方案。两者之间的区别在于保护层材料的类型:石块或网袋。两种材料下方都需要设置碎石过滤层,碎石过滤层的外部并不稳定,但可以提供冲刷防护的内部稳定性。

2.6.3.2 传统的防冲刷保护措施——抛石防护

图 2.6.3 是传统的抛石防冲刷方法示意图，显示了初始情况和未来发生冲刷后的情况（冲刷至最低海床面"RSBL"）。如前所述，假设传统防冲刷措施不能应对较大的海床下降，则需考虑最大的海床沉降量为安装海床面（ISBL）以下 1m。当发生的海床沉降在该限值范围内时，可假设过滤层和保护层的石块将下滑到保护区域的缓坡上。层与层之间的分离不会像图示一样完整，一般情况下各层之间的材料会相互混合。

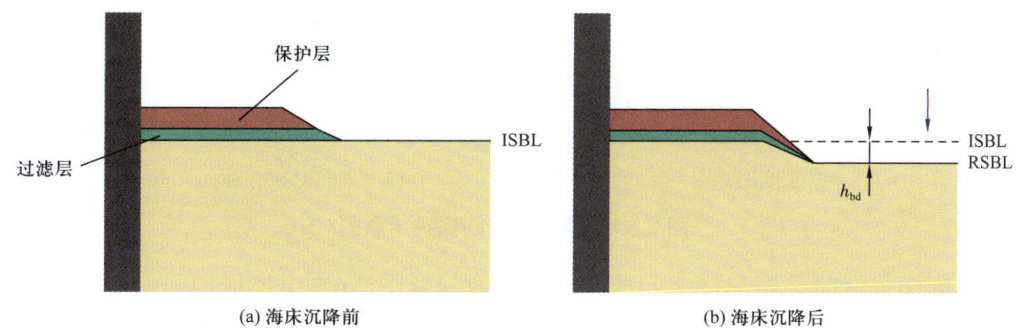

图 2.6.3 抛石防护示意图（来源：Deltaris）

应正确安装堆石护坡（覆盖在保护层边缘的斜坡区域，可填充冲蚀孔隙），并进行现场监测，确保安装过程满足相关要求。海床沉降过大将会导致冲刷防护层破碎，因此，实际工程中不允许出现这种情况。

2.6.3.3 传统的防冲刷保护措施——网袋防护

当缺少石块等材料或抛石防护不能提供足够的稳定性时，可以采用更大的防护物体（装满碎石的网袋）作为防护。网袋自身尺寸较大，通常能够比抛石防护提供更好的稳定性。图 2.6.4 所示为 Kyowa 公司制作的一种网袋防护装置。

图 2.6.4 网袋防护示例（Kyowa 公司的过滤装置）

采用网袋进行冲刷防护时,可将其覆盖在单桩周围的区域。一般需要敷设两层,来填补两个砂袋之间的间隙。由于网袋自身可调节性较小,一旦出现悬空,很容易下沉破坏,大幅降低防护效果。因此,需要在网袋下方设置滤石层,防止出现漏失。图 2.6.5 为网袋防护的示意图。

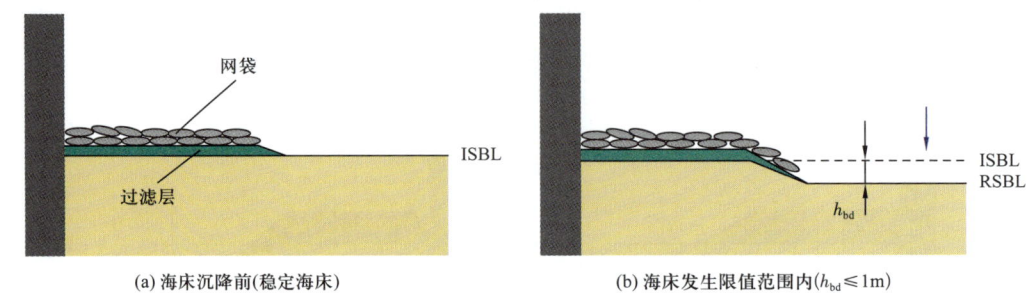

图 2.6.5　网袋防冲刷保护示意图

当海床面下沉时,层与层之间的分离不会像示意图 2.6.5 中那样均匀,个别网袋之间可能会出现一些间隙。需采取措施防止产生过大的间隙,避免露出最下面的过滤石层。还应进行现场监测,确保网袋防冲刷保护的安装满足相关要求。

2.6.3.4　复合防护

复合防冲刷保护措施用于已经发生局部冲刷的情况。图 2.6.6 说明了复合防护装置的安装过程,首先采用石块填充已有的冲刷坑,从而使防冲刷保护材料处于一个较为遮蔽且更稳定的位置。当某些位置采用传统防冲刷保护措施仍然不能提供足够稳定性,或者基础安装区域海床面变化太大,可以考虑采用复合防冲刷保护方案。

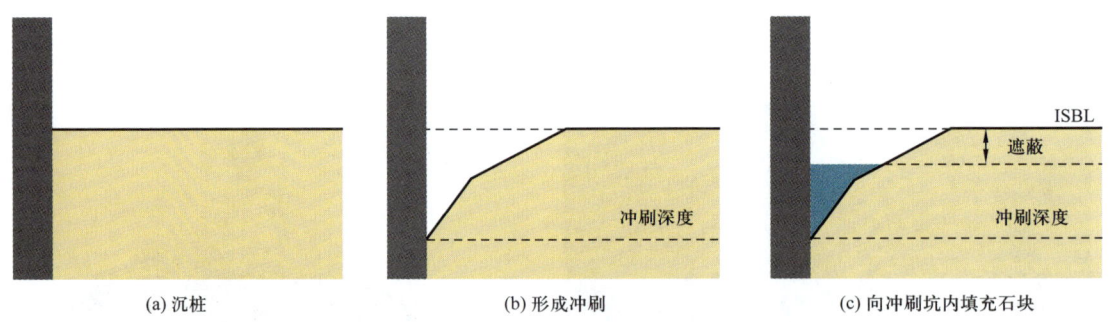

图 2.6.6　复合防护装置安装阶段（来源：Deltaris）

复合防护措施与传统防护措施的标准相同,需要考虑以下几个方面：石块护层应能提供外部和内部的稳定性。如果在某一单项防护措施中,不能确保石块护层的外部稳定性,则可以采用两级复合防护措施。首先在冲刷坑内安装过滤层,然后在过滤层上方安装防护层。防护层可以由松散的石块或网袋组成。

也有可能出现这种情况，安装过滤层时，冲刷坑还没有完全形成，有可能会进一步发展，这就会重新改变过滤层的形状及下滑的形态，图 2.6.7 展示了这个过程。由于冲刷坑的扩大（此时必须要填充更大体积的同种材料），上部的过滤层将会下沉。如果超出临界范围（如达到海床基础水平面"FSL"），则可能需要安装额外的过滤材料，来解决上部过滤层的下沉。一旦冲刷坑发展稳定了，就可以安装防护层。在冲刷的早期阶段，也可以安装防护层，这样可以避免对过滤层进行反复维护。然而，也有可能会出现防护层和过滤层相互混合重叠，从而降低防护效果；另一方面还会导致成本的增加，这主要是因为使用了更为昂贵的防护层填补了冲刷坑，而不是仅仅将其布置在最上层起防护作用。

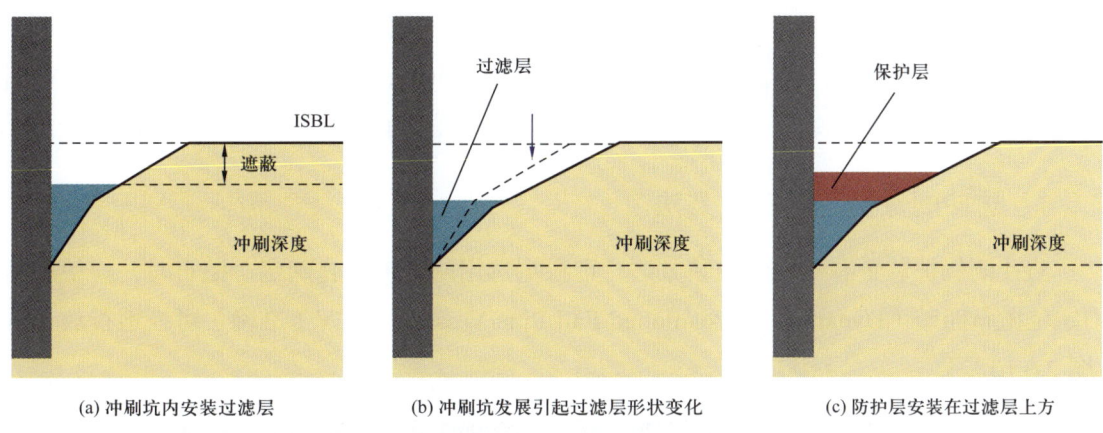

图 2.6.7　安装双级复合防冲刷保护（来源：Deltaris）

如果安装复合防冲刷保护装置后，发生了海床下沉，则会减小对防护层的遮挡。随着时间的推移，可能会导致防护材料逐渐暴露［图 2.6.8（b）］，从而降低装置的稳定性。因此，防护设计中需要考虑这种情况。

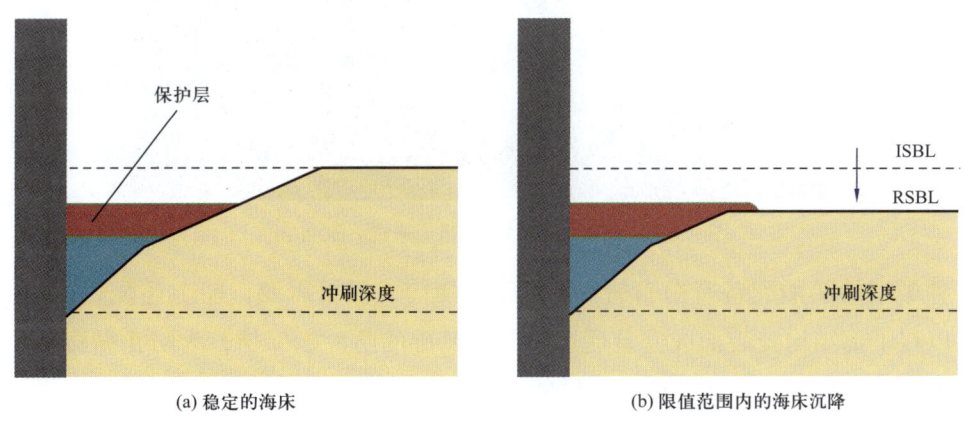

图 2.6.8　海床沉降导致双级复合防冲刷保护装置更加暴露（来源：Deltaris）

与传统防护措施类似，复合防护不能适用于海床发生较大沉降、并降至防护层以下的情况。因此，如果最低海床面（RSBL）在防护层顶部以下（即防护层失去遮蔽），必须进行重点监测。

2.6.3.5 无防冲刷保护

在某些情况下，可以不必安装防冲刷保护装置，而是在基础设计时，就已经考虑了预期产生的冲刷影响。当海床表面是不易侵蚀的土层时，可以有效防止冲刷坑进一步发展，使海床沉降可限制在海床基础水平面（FSL）以上，这时就可以考虑采用无防冲刷保护方案（图2.6.9）。

荷兰的Deltaris等独立专家机构，可为桩基础冲刷的研究和缓解策略提供专业解决方案。

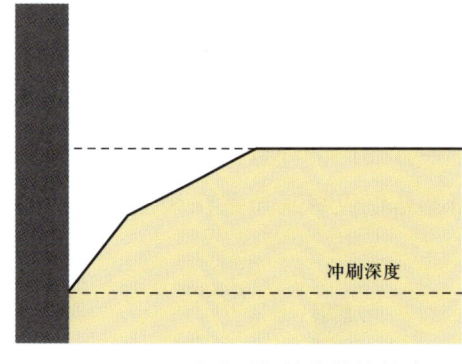

图2.6.9 无防冲刷保护的单桩基础
（来源：Deltaris）

2.6.4 防冲刷保护装置安装方法

防冲刷保护装置有不同的安装方法，可根据选用的防护措施确定。抛石时，应使用动力定位抛石船舶（Dynamically Positioned Fall Pipe Vessel，DPFV）准确、可控地投放石料（图2.6.10）。

图2.6.10 动力定位抛石船（来源：Boskalis）

这种类型的船舶配备有抛石管和/或斜向溜筒，根据需要，船上还配有吊机抛投网袋。可以在下部结构安装前或安装后进行单柱基础的防冲刷保护，为防止抛石破坏基础，抛石施工前，桩身多采用土工布进行包裹保护（图2.6.11）。

 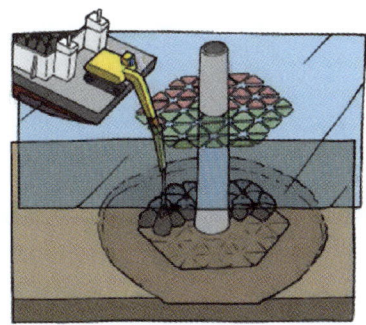

图 2.6.11　安装防冲刷保护装置

3 集电海缆及送出海缆

3.1 概述

3.1.1 集电海缆与送出海缆

海底电缆是海上风电场基础设施的重要组成部分，通过连接不同的电力传输网络，实现海上风电场到陆岸终端的电力传输。根据输电功能的不同，海底电缆可分为以下两种。

（1）集电海缆（Inter-array Cables，IAC）：中压电缆，用于连接风力发电机和海上升压站。

（2）送出海缆（Export Cables）：用于风机并网，将海上升压站连接到岸基电网。根据项目具体情况，一般有两种类型的电缆可供选择：

① 高压交流（High-Voltage Alternating Current，HVAC）❶ 电缆：受传输距离限制，一般不超过 80km。

② 高压直流（High-Voltage Direct Current，HVDC）❷ 电缆：用于较长距离和系统互联，交流电转换成直流电通过电缆传输，在终端再转换为交流电。

图 3.1.1 为海上风电行业常用的海底电缆结构。

3.1.2 电缆装船/甲板设备

电缆在车间制造完成后，运送到停泊在码头的敷缆船上，直接装载上船，之后运输到海上施工现场进行敷设。敷缆船通常配置以下设备：

（1）转盘：用来存储和释放海底电缆。

---

❶ 高压交流输电系统：风电机组输出电压为 690V，升压至 35kV 后，通过 35kV 集电海缆汇流至 110kV/220kV 海上升压站，经 110kV/220kV 送出海缆接入陆上变电站或集控中心，最终与陆上电网并网。

❷ 高压直流输电系统：风电场至 220kV 海上升压站部分与高压交流传输方式相同，由海上升压站经 220kV 交流海缆接入海上换流站，海上换流站通过直流海缆接入陆上换流站，逆变成交流与陆上电网并网。——译者注（来源：解飞，周敏. 远距离大规模海上风电场送出方式综述［J］. 电力系统，2021（12）：54-55。）

（2）退扭架：为海底电缆提供导向，实现过缆和退扭，消除盘缆扭力（图3.1.2）。
（3）张紧器：传送电缆并使之保持一定的张力（图3.1.3）。
（4）滚轮传送系统或布缆机：用于支撑转盘和张紧器之间的电缆。

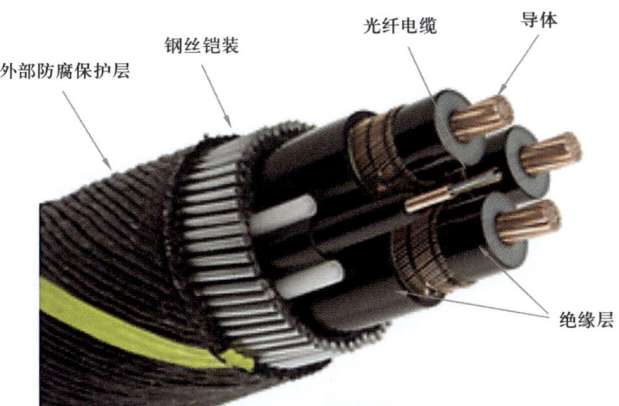

图 3.1.1　海上风电行业海底电缆结构图

图 3.1.2　转盘及退扭架（来源：Seanamic）

图 3.1.3　电缆张紧器（来源：MacArtney）

海底电缆在码头装船时，首先从转盘上引出一条牵引绳，穿过退扭架，然后通过张紧器，最终与制造车间内的电缆连接。当牵引绳与电缆连接之后，启动船舶相关设备将电缆拉入，完成装船。在码头边，配备有滚轮输送系统用来支撑和传送电缆（图3.1.4和图3.1.5）。

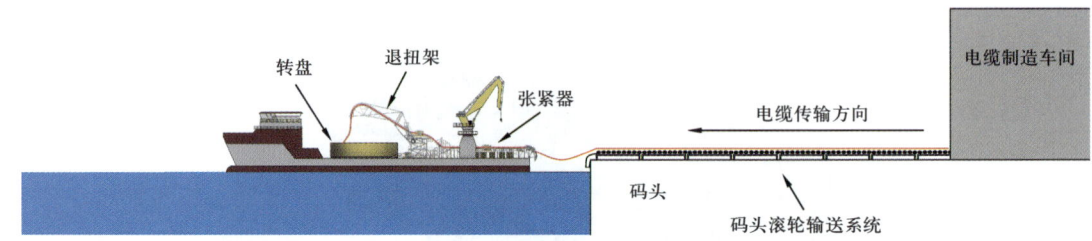

图3.1.4　电缆装船

图3.1.5　电缆装船（来源：Gemini海上风电场项目）

3.2　电缆敷设设备

当敷缆船到达安装现场时，需要将电缆从船上拉出，拖拉至风机基础进行固定。之后，敷设船向下一个位置移动，继续敷设电缆，该位置可以是下一个风机基础或者海上升压站。

如果海底电缆发生损坏，将会影响大范围的电力供应服务。因此，海底电缆通常埋设在海床以下1～5m的深度，以防止拖网捕鱼、抛锚或其他活动造成的意外损坏。根据损坏程度、故障位置，以及动员满足施工配置要求的船舶所需要的时间，电缆的修复可能会持续几天到几周。

集电海缆采用后挖沟法敷设，即先敷后埋；送出海缆采用预切直埋法，即边敷边埋。这些作业需要专业设备，包括：

（1）水下机器人；

（2）水下挖沟机器人；
（3）电缆埋设犁；
（4）半圆支架。

3.2.1 水下机器人

无人控潜水器（Remotely Operated Vehicle，ROV）是一种无人驾驶、高机动性能的水下机器人，由船上的 ROV 操作员控制（图 3.2.1）。它依靠螺旋桨驱动，通过脐带缆与施工船连接。脐带缆将动力和控制信号传输到 ROV，并将水下作业的视频、水下设备的状态和其他传感数据反馈给船上操作人员。ROV 还配备视频摄像头和灯光，带有一个或多个声呐、静态摄像机、机械手或切割臂，以及各种采样设备。在电缆敷设作业中，ROV 用于水下勘测并协助水下作业。

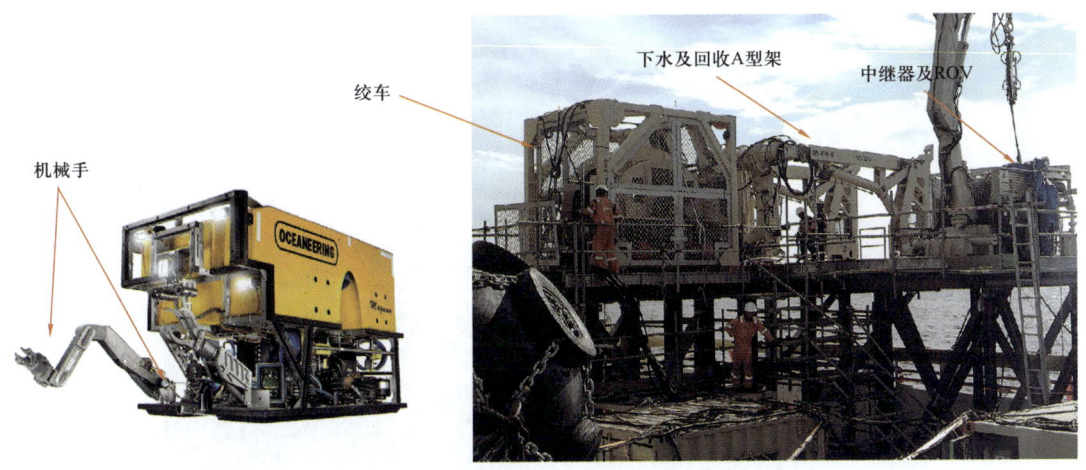

图 3.2.1　水下机器人及设备布置

3.2.2 水下挖沟机器人

水下挖沟机器人是一种无人驾驶的水下机器人，由船上的挖沟机技术人员操作（图 3.2.2）。这种设备利用一系列螺旋桨推动，通过脐带缆与施工船连接。脐带缆将船上发出的动力和控制信号传输到水下挖沟机器人，并将作业视频、作业情况和其他传感数据反馈给技术人员。水下挖沟机器人采用后挖沟的方式埋设集电海缆，通过高速水射流将电缆下方的土壤打碎并冲走，形成狭窄（宽度小于 1m）的沟槽，将电缆埋设其中。

3.2.3 电缆埋设犁

电缆埋设犁采用预切法将送出海缆埋入海床，由技术人员通过脐带缆进行远程操作，由敷缆船拖拉前行（图 3.2.3 和图 3.2.4）。根据所用犁的不同类型，可以挖出楔形土块或通过高速水流破碎土壤等方式形成沟槽，同时将送入埋设犁的电缆埋入沟中。电缆埋设犁配备了液压驱动滑块，可控制埋设的深度，实现安全埋设。

喷水管

图 3.2.2　水下挖沟机器人（来源：Boskalis）

3.2.4　半圆支架

半圆支架是安装和部署设备的一部分❶。半圆支架沿甲板方向延伸至布缆轨道，到达入水槽。在电缆的抽拉（二次抽拉）操作中，将其安全地敷设在海床上（图 3.2.5 和图 3.2.6）。

---

❶ 在海缆的提拉与抽拉过程中，通过采用半圆支架，可使海缆的弯曲半径能够得到固定半径支架的支撑，在抽拉过程中不会过弯，从而调节海缆在输送过程中所受的张力。——译者注（来源：薛大智，刘耀江，杨录，等.浅谈海上平台间海缆末端抽拉工艺［J］.中国新技术新产品，2020（12）：49-52.）

图 3.2.3　电缆埋设犁（一）（来源：IHC–DeepOcean）

图 3.2.4　电缆埋设犁（二）（来源：Kevin McFarlane）

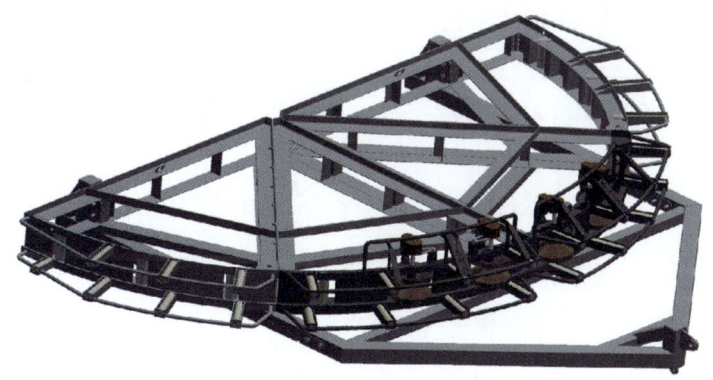

图 3.2.5　半圆支架（一）（来源：Auxilium）

图 3.2.6　半圆支架（二）（来源：Kevin McFarlane）

3.3　集电海缆

3.3.1　集电海缆敷设

集电海缆开始敷设之前，施工人员需要在风机基础上布置绞车和牵引绳，牵引绳沿风机基础穿过电缆进出孔。

施工船舶就位后，可以开始进行第一次抽拉操作，将电缆拉入到风机基础上（图3.3.1）。首先，敷缆船甲板船员在甲板上安装保护装置或保护壳和电缆拉线网套；将电缆拉入绳与拉线网套捆绑连接，然后穿过入水槽下到水面以下一定深度（图3.3.2）。将水下机器人下入到水中，用机械手将电缆拉入绳与钢丝牵引绳连接。

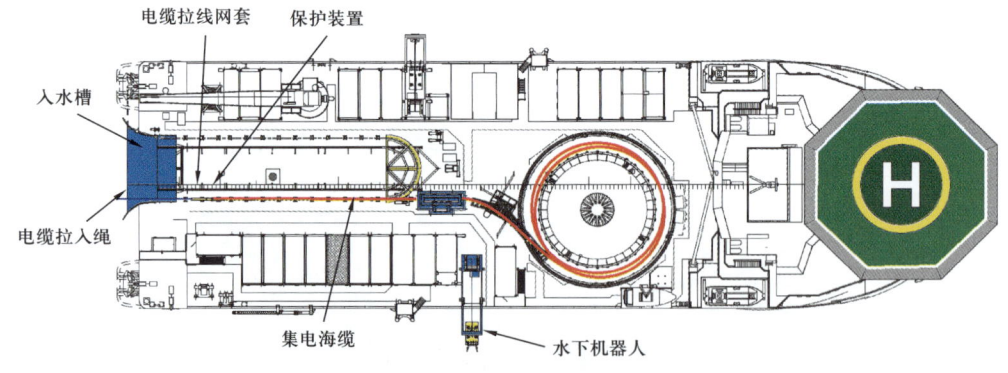

图 3.3.1　第一次抽拉电缆

施工过程中，船上的电缆储存和输送系统可以持续供应电缆；同时，风机基础上负责牵引的人员启动绞车拉入牵引绳。由于牵引绳与电缆拉入绳已由水下机器人在水下完成连接，因此，绞车将逐步拉入电缆，穿过电缆进出孔到达风机基础（图 3.3.3）。水下作业过程中，水下机器人在旁监控整个拉入过程（图 3.3.4）。

图 3.3.2　电缆保护装置或保护壳（来源：Gemini 海上风电场项目）

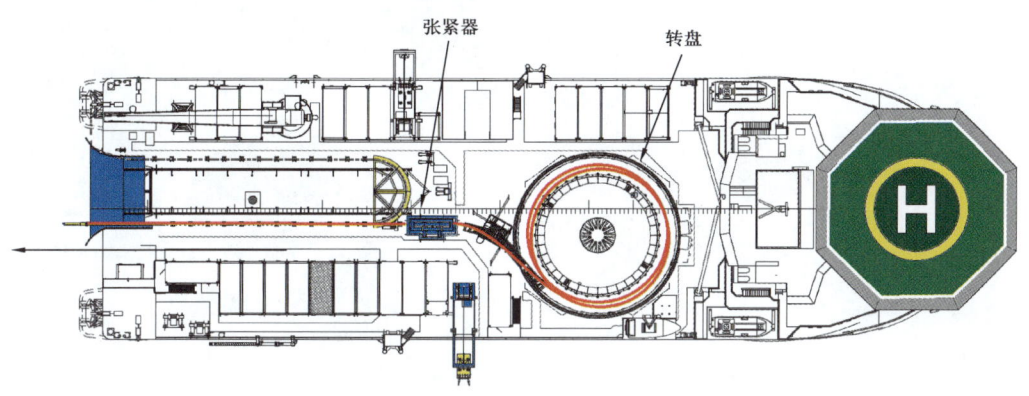

图 3.3.3　第一次抽拉

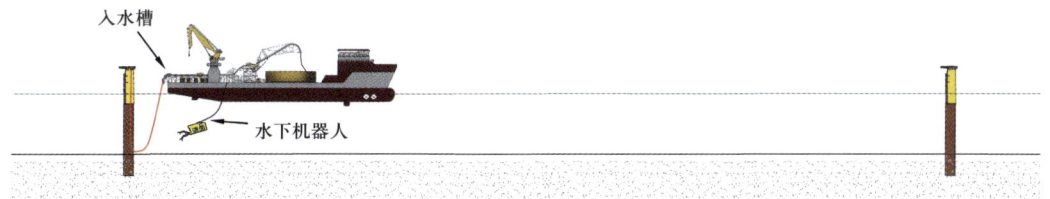

图 3.3.4　第一次抽拉示意图

图 3.3.5 是水下机器人拍摄的水下作业视频截图，展示了第一次抽拉作业的过程。
图 3.3.6 和图 3.3.7 是从风机基础内部的角度，展示了抽拉作业过程。

 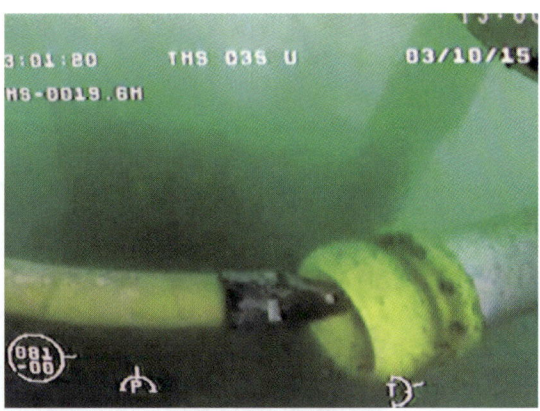

图 3.3.5　第一次抽拉作业过程视频截图（来源：Gemini 海上风电场项目）

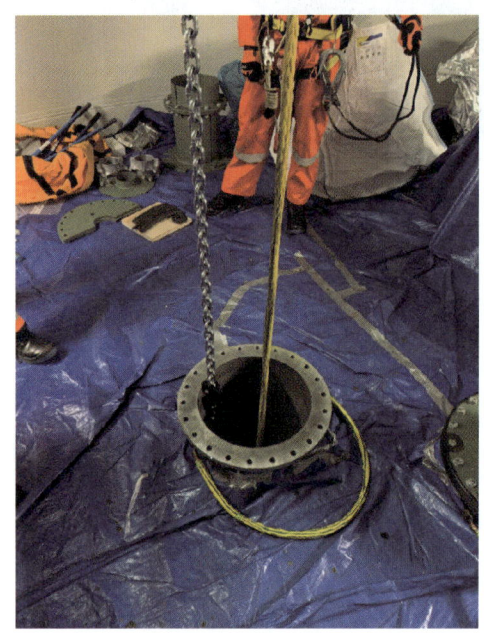 

(a) 集电海缆抽拉　　　　　　　　　　(b) 集电海缆通过电缆进出口

图 3.3.6　风机基础内部抽拉作业（一）

电缆到达风机基础后，在基础内部用锚固装置固定，将顶部悬挂在内平台上，后续与发电设备连接进行电力输送。之后，船舶将缓慢驶向下一个作业地点（即下一个风机基础），边行驶边施工，将电缆敷设在海床上。施工过程中，水下机器人始终在附近旁站，监控电缆敷设过程（图 3.3.8）。

到达目的位置后，甲板船员可以开始准备电缆的第二次抽拉操作，将电缆从船上拉入另一个风机基础。用锚固装置（或张紧器，取决于船舶的甲板布置）将电缆进行固定，切割至所需长度，并将末端与拉线网套绑扎连接（图 3.3.9）。

 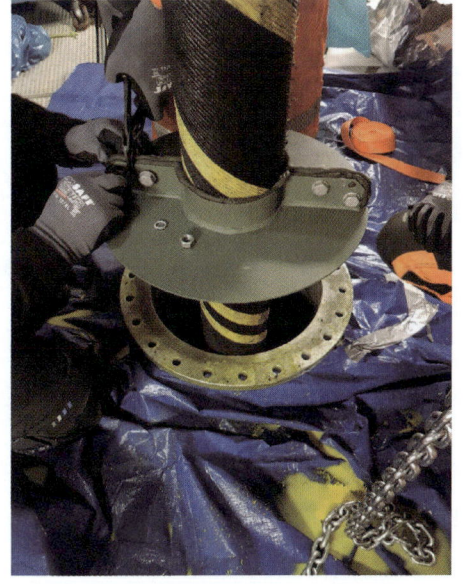

(a) 集电海缆拉出　　　　　　　　　　(b) 集电海缆悬挂在基础内部

图 3.3.7　风机基础内部抽拉作业（二）（来源：Integrated-TIS）

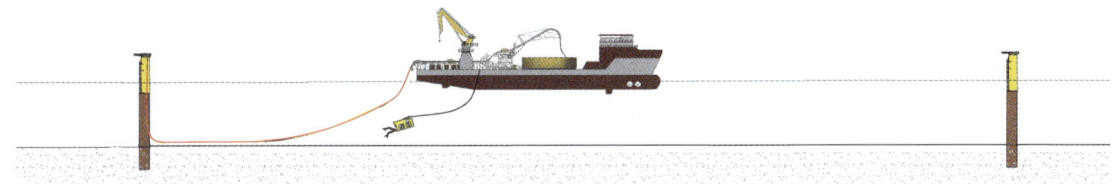

图 3.3.8　电缆敷设及水下机器人监控示意图

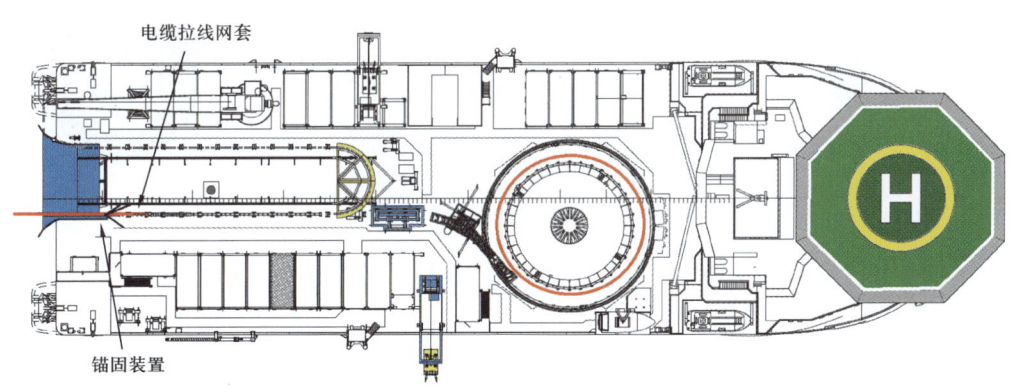

图 3.3.9　第二次抽拉

然后将电缆拉回，穿过甲板上的电缆输送系统及半圆支架，固定在甲板对面一侧的保护装置或保护壳内（图 3.3.10）。

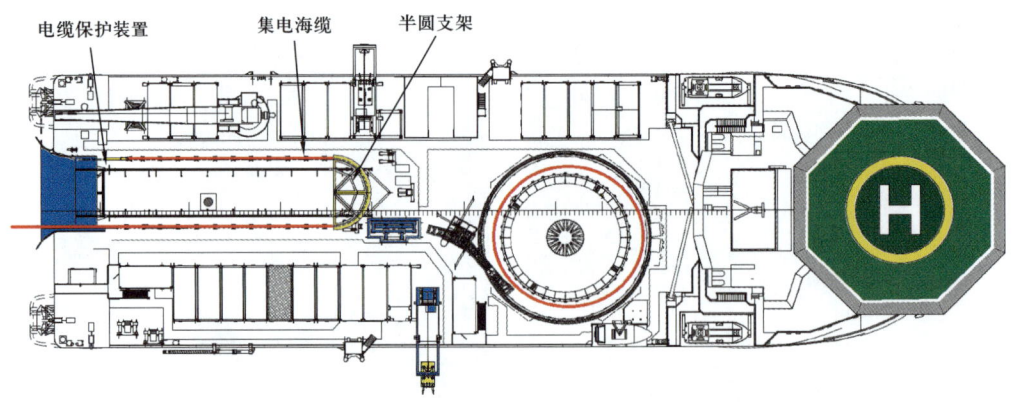

图 3.3.10　用半圆支架进行第二次抽拉将电缆拉回

甲板船员将电缆拉入绳的一端连接到拉线网套上，另一端穿过入水槽，下放到水下机器人可以抓取的水面以下一定深度。下入水下机器人，利用水下机器人机械手将拉入绳连接到风机基础引出的牵引绳上。

船上的电缆输送系统进行电缆的输送；同时，启动风机基础上的绞车拉入牵引绳，并与电缆拉入绳连接，这样就可以抽拉电缆，通过电缆进出孔，最后拉入风机基础进行固定。

在第二次抽拉作业中，半圆支架沿甲板方向的布缆轨道行走，到达入水槽（图 3.3.11）。敷缆船上的吊机或 A 型架将半圆支架下放至水中，并向风机基础方向移船，同时，风机基础绞车回收牵引绳。在绞车、吊机或 A 型架的配合下，将半圆支架上的海缆安全地敷设在海床上。水下机器人在附近旁站，监控整个抽拉过程（图 3.3.12）。

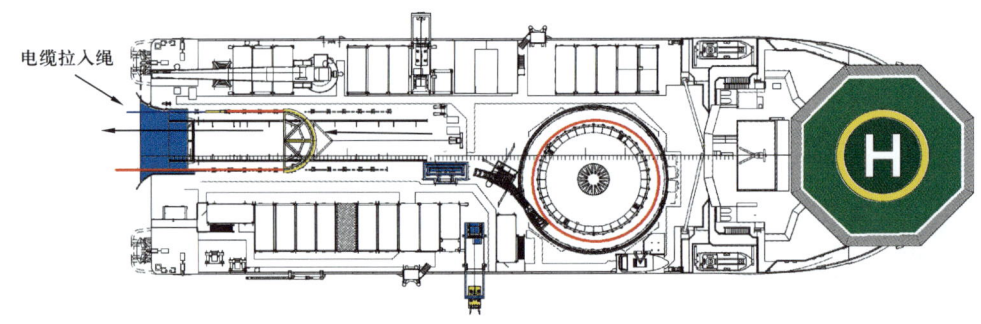

图 3.3.11　用半圆支架进行第二次抽拉电缆到达入水槽

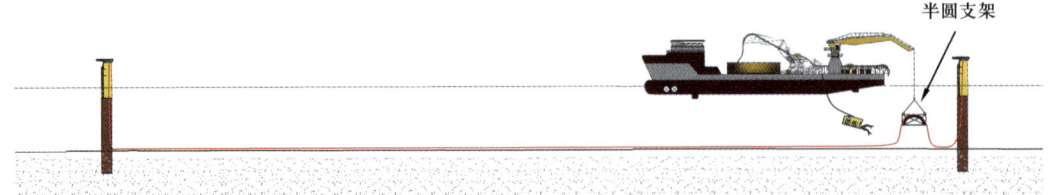

图 3.3.12　用半圆支架和水下机器人进行第二次抽拉示意图

采用上述工艺，依次敷设风机基础之间的集电海缆，将各海上风机接入海上升压站（图 3.3.13）。

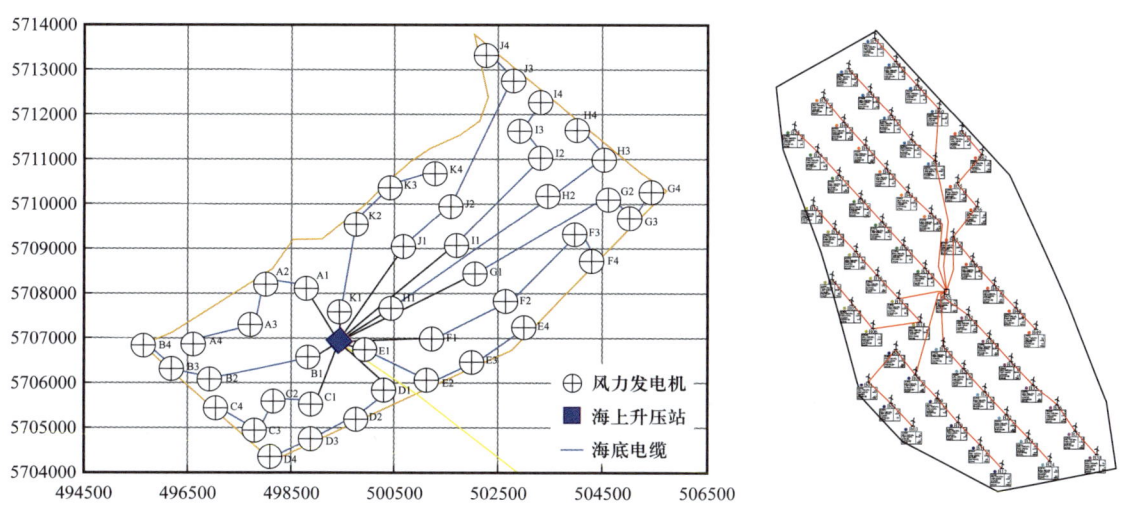

图 3.3.13　采用电缆集束将海上风机连接至海上升压站的示例

最后，需要将电缆集束的末端连接到海上升压站。这个过程与第一次拉入一样，先将电缆拉入风机基础内进行固定；之后，船舶边敷设电缆，边缓慢驶向海上升压站（图 3.3.14）。

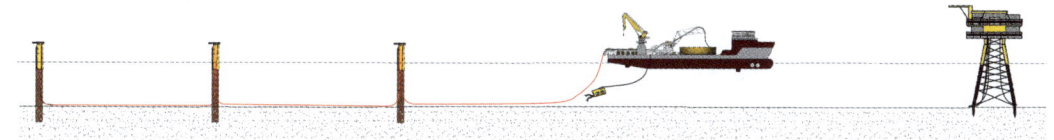

图 3.3.14　向海上升压站敷设海底电缆

船舶到达最终位置时，甲板船员开始准备将电缆拉入升压站。首先，电缆切割至要求长度，与拉线网套绑扎固定；然后将电缆拉回至甲板上的输送系统，通过半圆支架，固定在甲板另一侧的保护装置或保护壳内。

甲板船员将电缆拉入绳的一端连接到拉线网套上，另一端则穿过入水槽，下放到水下机器人可以抓取的深度。将水下机器人下入水中，通过机械手将电缆拉入绳与海上升压站引出的牵引绳连接。

船上的电缆系统持续供应电缆，而海上升压站上负责牵引的人员则启动绞车拉入电缆牵引绳。牵引绳与电缆拉入绳已由水下机器人在水下完成连接，因此，绞车逐步拉入电缆，穿过电缆进出孔到达海上升压站。在海上升压站拉入电缆的作业中，半圆支架沿着甲板方向的布缆轨道移动，经过入水槽，将电缆安全地敷设在海床上。作业过程中，水下机器人在附近旁站，监控整个拉入过程（图 3.3.15）。

图 3.3.15　海上升压站利用半圆支架和水下机器人进行电缆的二次抽拉

3.3.2　集电海缆后挖沟埋设

电缆敷设在海床后，需要进行埋设。挖沟和埋设工作由配备水下挖沟机器人和动力定位系统的施工船舶完成（图 3.3.16）。

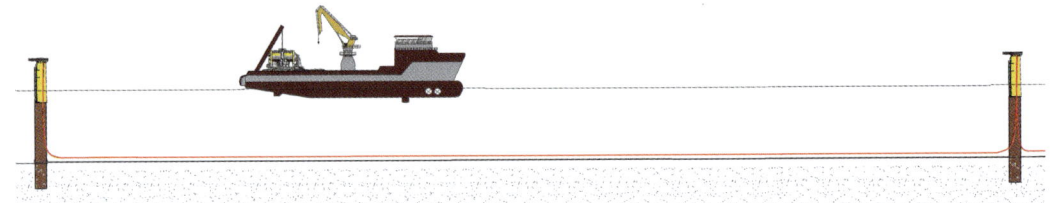

图 3.3.16　配备水下挖沟机器人和动力定位系统的施工船舶

施工船舶使用 A 型架将水下挖沟机器人下入水中，并放置在海床上（图 3.3.17）。

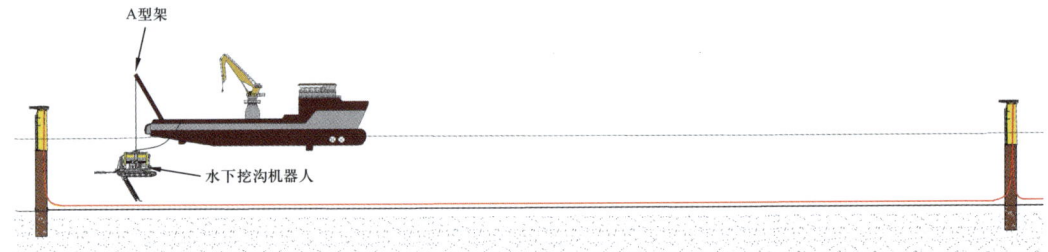

图 3.3.17　水下挖沟机器人下水示意图

水流喷射机射出的高速水流将电缆下方的土壤破碎，水下挖沟机器人将电缆埋入沟槽中（宽度<1m）；同时，船舶缓慢移至电缆末端（图 3.3.18）。重复此操作，直至所有的集电海缆完成埋设。

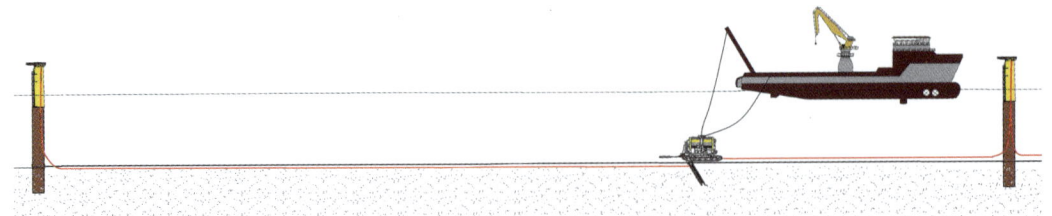

图 3.3.18　电缆埋设示意图

3.4 送出海缆

敷设送出海缆之前，首先将电缆埋设犁和海底电缆拖拉上岸。在此过程中，敷缆船应尽可能靠近岸边；由岸上施工人员引出"岸边拖缆"，从岸上一直延伸至船上；然后连接岸边拖缆与埋设犁，并将其拖拉上岸。该作业需要用到以下几种不同类型的缆绳（图3.4.1）：

（1）脐带缆：将电力和控制信号传送到埋设犁，并将埋设犁的姿态以及其他传感器数据返回至技术人员。

（2）岸边拖缆：将埋设犁拖拉上岸。

（3）埋设犁拖缆：施工期间船上用于拖拉埋设犁的缆绳。

（4）电缆拖拉牵引绳：用于将电缆引入埋设犁，可延伸至岸上。

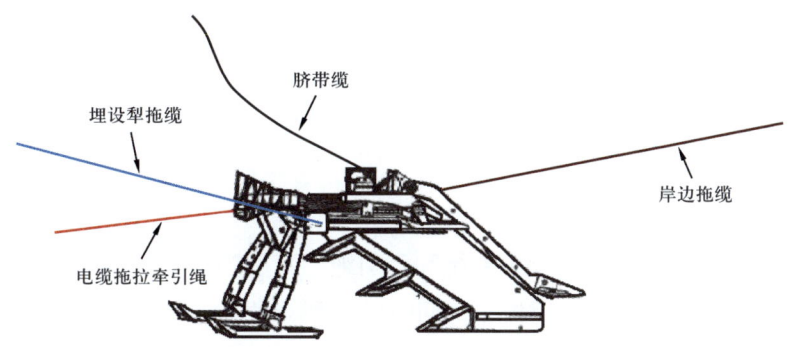

图 3.4.1 埋设犁接入的各种缆绳

根据所使用的施工船舶配置，可用船舶吊机或A型架将埋设犁下放入水。埋设犁入水后，岸上施工人员将其拖拉上岸（图3.4.2）。

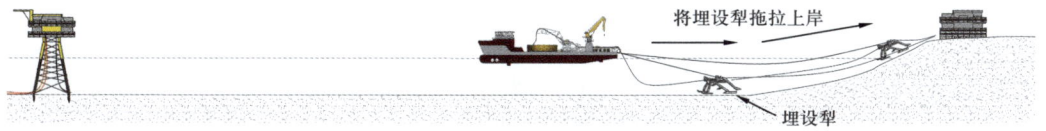

图 3.4.2 埋设犁岸拖示意图

埋设犁上岸后，首先连接牵引绳和电缆；然后，岸上施工人员将牵引绳拖拉上岸；同时，转盘和张紧器操作人员启动电缆系统，将电缆送至岸上（图3.4.3）。

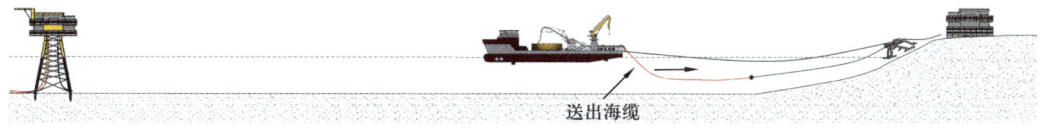

图 3.4.3 送出海缆岸拖示意图

电缆上岸后，穿过埋设犁并固定在岸上（图3.4.4）。

图 3.4.4 送出海缆岸拖的最后步骤

电缆末端在岸上固定好后，船舶将埋设犁收回，然后埋设电缆（图3.4.5）。

图 3.4.5 埋设犁牵拉示意图

船舶缓慢移向海上升压站，并将电缆放入挖好的沟中。埋设犁操作人员使用液压系统控制挖沟的深度，使电缆安全进入沟中（图3.4.6）。

图 3.4.6 电缆敷设示意图

海上升压站施工人员准备好绞车系统和牵引绳，牵引绳沿导管架基础下放并穿过电缆进出孔。船舶到达最终位置后，甲板船员回收埋设犁，并准备将电缆拉入海上升压站。

电缆切断至要求长度，与拉线网套绑扎连接；然后将电缆拉回，穿过甲板上的电缆输送轨道和半圆支架，固定在甲板另一侧的电缆保护装置或保护壳内。

甲板船员将电缆拉入绳一端与拉线网套绑扎连接，另一端穿过下水槽，下放至水中水下机器人能够抓取的某一深度。将水下机器人下入水中，用机械手将电缆拉入绳与牵引绳连接好。

船上的电缆系统不断输送电缆，同时，海上升压站启动绞车，拉入牵引绳。牵引绳已与电缆拉入绳和电缆连接，从而拉入电缆，穿过电缆进出孔，到达海上升压站。半圆支架沿着甲板方向的布缆轨道移动，经过入水槽，将电缆安全地敷设在海床上。作业过程中，水下机器人在附近旁站，监控整个拉入过程。电缆敷设完成后，就可以开始风机机组的安装（图3.4.7）。

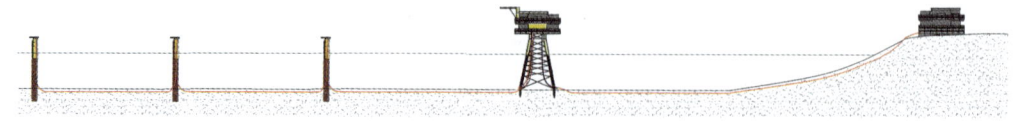

图 3.4.7 采用半圆支架和水下机器人抽拉海上升压站电缆/所有电缆完成敷设

3.5 海上升压站

海上升压站（Offshore High-Voltage Substation，OHVS），也称为海上变电站❶，是风电场电网的核心组成部分（图3.5.1）。所有的海上风机发出的电能在此汇集，通过送出海缆连接到陆地上的电网，输送给千家万户（图3.5.2）。海上升压站有以下重要功能：

（1）将风机输出的低压交流电转换为高压交流电或直流电；
（2）使产生的海上电压保持稳定和升压；
（3）减少潜在的电能损耗；
（4）将海上风电通过海底电缆传输到陆上控制中心。

图3.5.1　海上升压站示例（来源：TenneT）

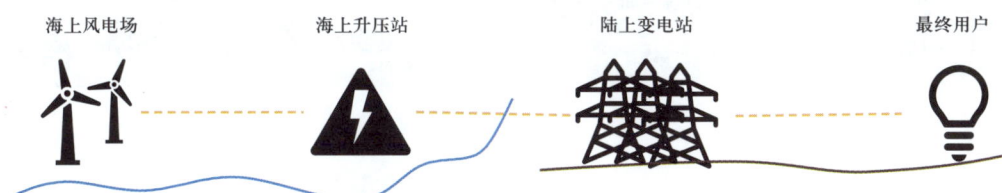

图3.5.2　风电场到陆岸的电网图

通常，导管架式海洋平台在安装时，首先完成导管架基础的海上安装，再将上部组块吊装至导管架基础上。海上升压站是大型钢质桁架结构，结构组成与油气平台类似，质量变化范围从700MW变电站的2000t到2GW变电站的3000t不等，宽度可达100m，高度可达60m。

---

❶ 海上升压站包括上部组块和下部导管架基础。在本书中，海上升压站仅指上部组块。——译者注

3.5.1 海上升压站装船

采用自行式模块运输车（SPMT）将海上升压站从建造厂地运输到装载码头；之后，使用运输驳船或大型运输船（HTV）进行后续的运输（图3.5.3）。

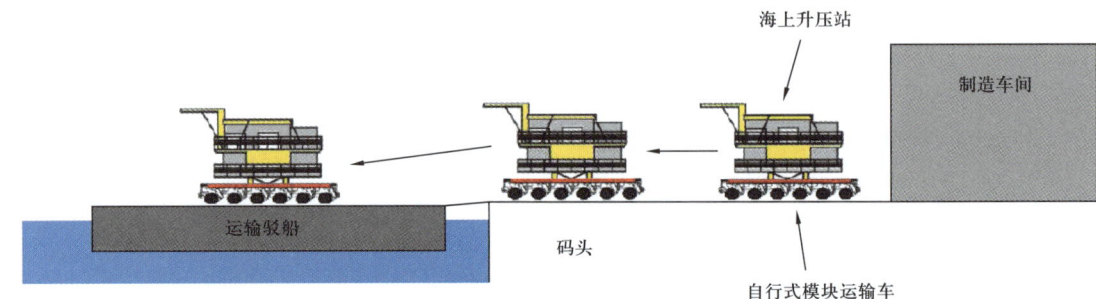

图3.5.3 采用自行式模块运输车和运输驳船进行海上升压站装船

由一组自行式模块运输车将海上升压站从建造车间运送到运输驳船上，进行海上绑扎固定；也可以使用液压气缸将海上升压站滑至驳船上（图3.5.4）。装船完成后，由拖轮将驳船或运输船拖向海上施工现场。根据海上升压站吊装质量，可以使用大型吊机通过一次吊装上船，也可以采用半潜船进行浮托安装。

图3.5.4 海上升压站装船（来源：HSM 和 Wagenborg）

3.5.2 海上升压站安装

海上升压站通过驳船或其他船舶运输至施工现场,缓慢靠近大型起重船。海上升压站的吊装索具已提前安装在平台上,由于结构质量大,用于吊装作业的钢缆、吊索和卸扣的装配需要吊装工具和起重设备的配合,整个过程由多名起重工人花费数小时的时间才能完成(图 3.5.5)。

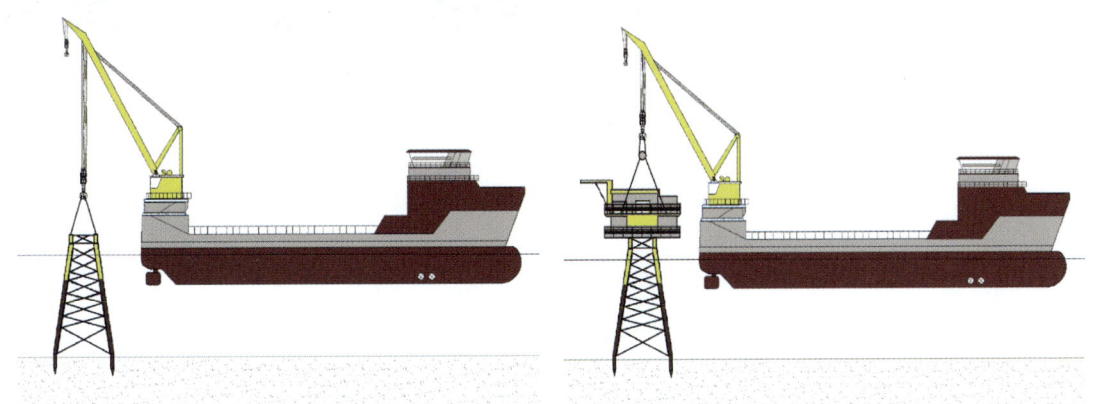

图 3.5.5 导管架基础及海上升压站的定位

驳船停泊在预定位置后,将大钩与索具进行连接,然后将海上升压站从驳船上吊起,放置在导管架基础上方,之后驳船驶离。海上升压站组块立柱(4~8 根钢管结构)与导管架桩腿对接后,吊机将海上升压站缓慢、小心地放置在基础上(图 3.5.6)。根据项目要求,对导管架桩基础和上部组块立柱的连接处进行焊接。这种海上作业受天气影响较大,需要持续监控气象条件以确定最佳的吊装窗口。

图 3.5.6 海上升压站海上安装(来源:ABB 公司、ISC 公司、Smulders 公司)

对于超过 15000t 的升压站,通常采用 Allseas 公司开发的双体船浮托安装技术进行安装,使用世界上最强大的海洋施工船舶 Pioneering Spirit 号(图 3.5.7)。

图 3.5.7 采用 Pioneering Spirit 号安装 Dolwin 6 海上升压站（来源：Allseas）

4 风力发电机

4.1 海上风力发电机

风力发电机是海上风电场的"心脏",它可以利用风能产生电力。风力发电机是复杂而精密的机器,必须按照相关要求进行设计、建造和安装,以抵抗恶劣的海洋环境,并可靠运行一定年限。本章中,将讨论风力发电机各部件的运输、定位和安装,这些过程都需要精密控制、准确操作。各项作业中,施工安全是贯穿始终、需要持续关注的关键环节。

风力发电机包括以下三个重要部件:塔筒、机舱及轮毂、叶片(3片)(图4.1.1)。

4.1.1 塔筒

风力发电机塔筒是锥形钢质结构,其直径从底部到顶部逐渐减小。塔筒安装在基础法兰盘上方,通过螺栓紧固,为机舱及轮毂、叶片提供支撑基础。塔筒高度应满足一定要求,即当叶片尖端处于最低点时,与水面之间保持足够的距离。塔筒的设计不仅需要支撑机舱和叶片等部件的质量,还应能够承受叶片旋转产生的动力荷载。为进行风电机组的运营及维护,塔筒内部通常设有钢质或铝质爬梯、电缆支架、防坠落结构,如防坠落系统和自回收绳;一些塔筒还设有升降机,如图4.1.2所示。

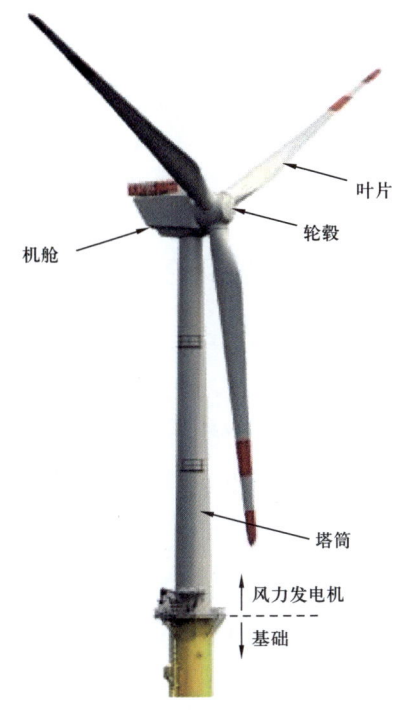

图 4.1.1 海上风力发电机
(来源:CTS)

-91-

图 4.1.2　风机塔筒（来源：Environmental Engineering）

4.1.2　机舱及轮毂

机舱及轮毂是一套独立装置，安装在风机塔筒顶部，用螺栓紧固（图 4.1.3）。通常为玻璃纤维材质，主要包括以下部分：

（1）传动系统：由低速轴、高速轴、齿轮箱和联轴节组成。

（2）叶片变浆控制系统：改变叶片桨距角，使叶片在不同风速时均处于最佳吸收风能的状态。

（3）液压系统：控制叶片转角。

（4）偏航系统：控制风机与风向之间的关系。

（5）制动系统：采用空气动力制动。

（6）发电机：将叶轮转动的机械动能转换为电能的部件。

风推动风机叶片带动轮毂旋转，这种旋转又会驱使机舱内主轴转动，通过传动系统增速达到发电机的转速后驱动发电机发电，从而将旋转轴的动能转化为电能。之后，由机舱内的变压器将电压抬升，电能通过集电海缆输送到海上升压站。

图 4.1.3　机舱及轮毂（来源：BWE）

4.1.3　叶片

风力发电机叶片的工作原理与飞机机翼相同。叶片一侧为流线形，另一侧为平板形。风快速流过流线形边缘，在叶片上下两侧产生压力差，使空气围绕叶片流动（图 4.1.4）。叶片上部流线形侧的空气流动要比下部平板侧流速更快，从而在上表面形成一个较低的压力区域。因此，叶片受到了气动升力的作用，产生了转动。这些升力总是垂直于叶片流线形上表面，使叶片围绕机组中部的轮毂旋转。风速越快，叶片产生的升力越大，旋转也就越快（图 4.1.5）。

图 4.1.4　叶片设计（来源：DE247）

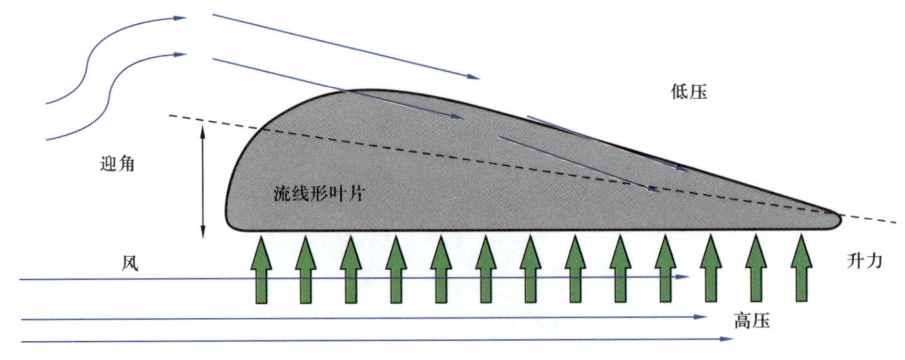

图 4.1.5 风机叶片

4.2 吊装作业中的控制措施

在风速较高、风力资源较好的区域，所安装的风力发电机的规格尺寸不断增加，安装工艺也越来越复杂。为了确保人员安全，防止对风机部件造成损坏，在吊装作业中，对各部件进行精准控制具有非常重要的作用。采用缆绳系统❶，可以在任何现场条件下对转子、机舱和叶片进行安全和可控的过程引导。

4.2.1 缆绳系统

缆绳系统是一种多用途绞车系统，应用非常广泛，可确保吊装过程安全、受控。该系统包括两台绞车，在吊机两侧各放置一台（图4.2.1）。有时也放置在甲板上其他重要位置，如千斤顶室、吊机配重处、装船码头或吊机横移系统处等等。在整个吊装作业中，缆绳系统可以支撑被吊物，使其始终保持在某一固定的水平位置，而不受风力、吊机转向或其他外部因素的影响。缆绳连接在被吊物的两侧，并施加5~80kN的预张力。这些设置可以通过远程控制进行调整，智能控制系统还可以自动调整两根缆绳之间的张力，使其保持稳定、固定的位置。在作业期间，可以随时通过远程控制改变被吊物的位置并/或调整张力大小。

4.2.2 缆绳横移系统

缆绳横移系统安装在吊机上，是安装风电机组机舱和叶片的导向系统（图4.2.2）。横

---

❶《建筑施工起重吊装工程安全技术规范》（JGJ 276—2012）定义了两种在吊装过程中起平衡、固定作用的缆绳。一种为溜绳，即在吊装结构物上拴绳，由下面的人拉住，防止结构物在吊升过程中任意摆动。一种为缆风绳，用来保证安装构件或设备在操作过程中保持稳定的钢丝绳，上端与安装对象拉结，下端与地锚固定。本书中，作者将二者都称为tagline，翻译时统称为"缆绳"。——译者注

移系统的设计由吊机的类型和能力而定,在设计之前要求有吊机批准证书。横移系统通常为定制,包括两个主要组成部分:底部横梁和顶部横梁。每个部分通过尼龙支架或连接板固定在吊机臂上。在底部横梁和顶部横梁之间,吊机臂两侧各有一根导向绳和缆绳;吊机两侧各配置两台绞车(导向绳绞车和缆绳系统)。每根导向绳上设有专门的扣绳滑轮。缆绳穿过带有导向的扣绳滑轮到达另一个滑轮,连接在被吊物上,再返回第一个滑轮,然后到达顶部横梁,与导向绳连接固定(图4.2.3)。

图 4.2.1 缆绳系统

图 4.2.2 MPI Resolution 号在 Taranto 海上风电场安装叶片

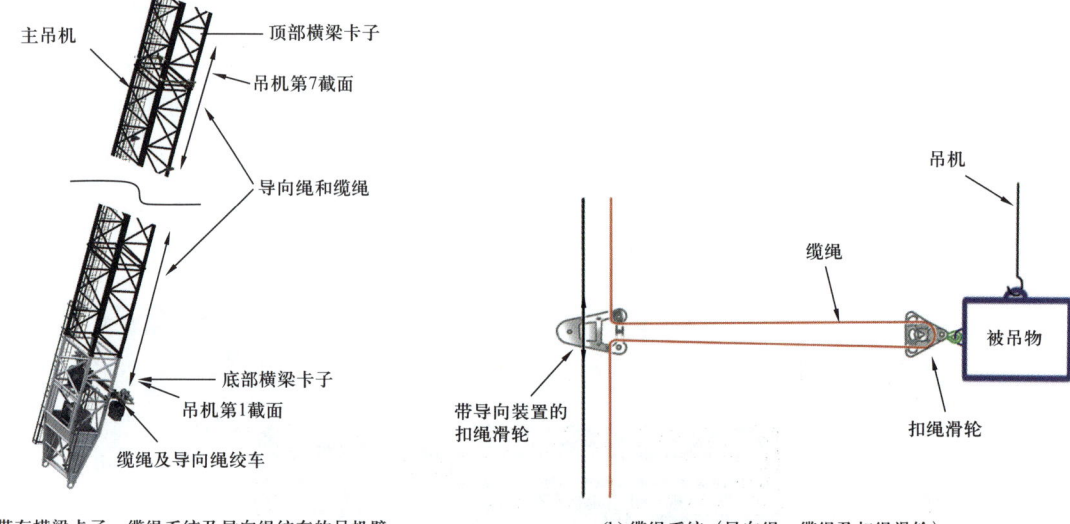

(a) 带有横梁卡子、缆绳系统及导向绳绞车的吊机臂　　(b) 缆绳系统（导向绳、缆绳及扣绳滑轮）

图 4.2.3　横梁卡子及缆绳系统

缆绳张力由绞车操作员控制，并由吊装总指挥进行监督（图 4.2.4 和图 4.2.5）。

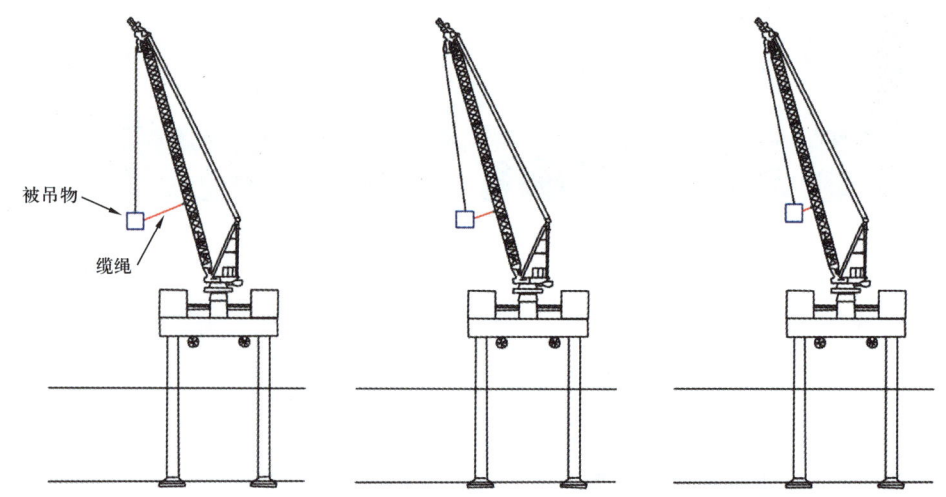

图 4.2.4　缆绳张力变化（自左至右：缆绳系统无张力到张力达到最大值）

4.2.3　卷缆绞车

卷缆绞车是一种半自动缆绳系统，通过脚踏板控制。它具有速度预设功能，可以根据给定的操作条件调整绞车速度。

卷缆绞车的设计是为了牢固、安全地控制缆绳，使安装和吊装作业更加安全、便捷。卷缆绞车尺寸轻便，可以放置在任何有限空间里，且易于运输和存放。绞车还可以作为永久固定或可移动装置来使用,因此,已经成为陆上及海上作业的最佳选择。绞车配备有安全机构,当缆绳张力超过 10kN 或 20kN 时,停止出绳。卷缆绞车的基座可有不同的形式和形状,尺寸灵活多变,只要结构能够承受 10kN 或 20kN 的受力,基本上就可以在任何地方使用这种绞车。

图 4.2.5 缆绳横移系统(来源:Eltronic-WS)

卷缆绞车经常成对工作,缆绳穿过导向辊轮并绕过滚筒。操作者可以通过收、放缆绳防止被吊物移动和旋转(图 4.2.6)。如果一个绞车操作员放缆绳,而另一个绞车操作员收

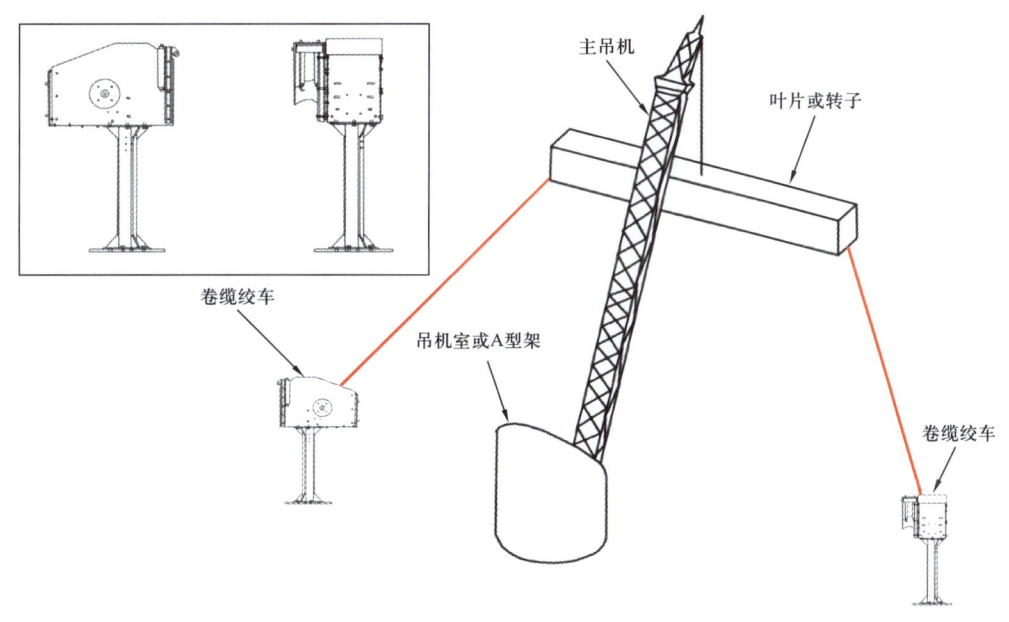

图 4.2.6 卷缆绞车成对工作

缆绳，则可以完全控制被吊物的转动。卷缆绞车通常用于处理预组装转子的装船、安装和调试。

4.3 风力发电机装船

一般可采用自升式安装船进行风力发电机的安装。当风力发电机装船时，要求船舶靠近装船区域，沿码头锚泊或插桩就位。风力发电机（塔架、机舱和叶片）可由船舶自身吊机直接装载至安装船，绑扎固定在甲板的拖航框架上（图4.3.1）。

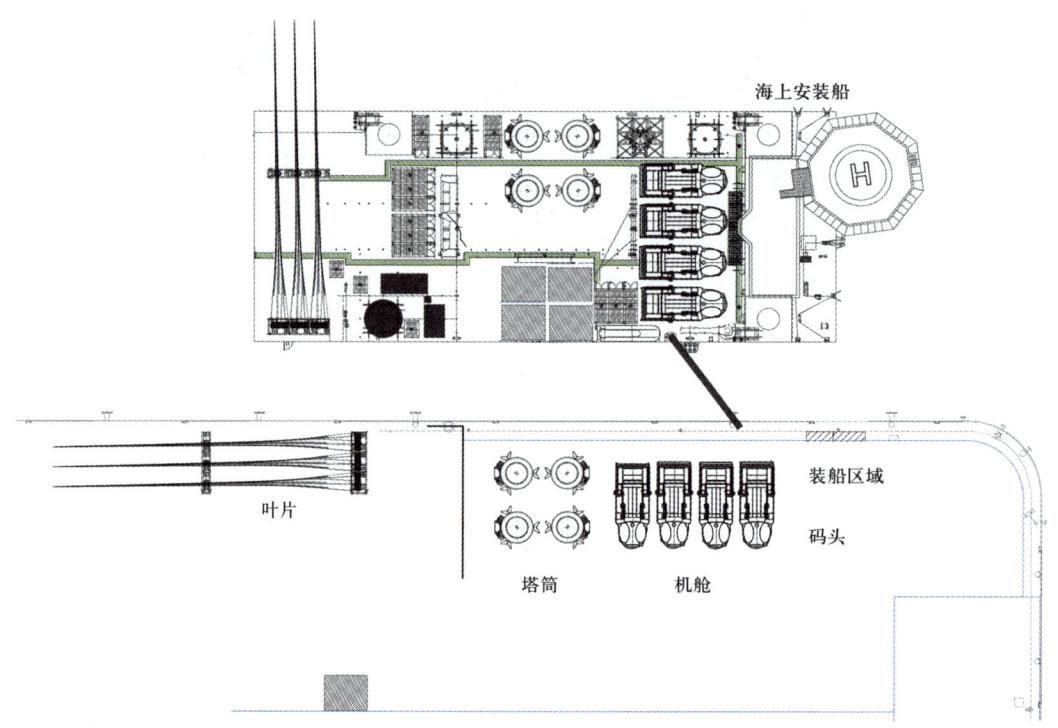

图 4.3.1 风力发电机装船布置图

安装船舶将风力发电机运输至现场❶。根据不同的风机尺寸，一艘典型的安装船最多可以装载运输 3~4 台套完整的设备（图 4.3.2）。一组风力发电机安装完成后，安装船必须返回码头装载下一批（图 4.3.3）。

---

❶ 为降低叶片运输所占用的甲板空间，可采用叶片叠层运输工装，每层工装之间采用标准集装箱箱角形式，通过标准锁销连接；塔筒采用竖立运输，占用空间少，同时避免了施工现场塔筒的翻身作业工序；机舱和轮毂在陆地预组装完毕后再运输，可节约现场施工时间。——译者注（王徽华，杜振东. 新型海上风电设备运输船舶设计研究［J］. 江苏船舶，2017，34（6）：1-4.）

图 4.3.2　Norther 风电场叶片叠层工装装船

图 4.3.3　MPI Adventure 号满载装船（来源：MPI 公司）

4.4　海上风力发电机安装

采用自升式风电安装船安装风力发电机时，安装船必须在风机基础旁边插桩就位，并在安装船与塔筒过渡段之间搭设舷梯过道（步行工作系统），提供安全的进出通道。

4.4.1 塔筒安装

最先安装的部件是塔筒。使用安装船上的主吊机和吊具进行塔筒的吊装,该操作中所使用的吊具称为海上安装夹具(Offshore Installation Yoke,OIY)。吊车司机按照指令将海上安装夹具放置于塔筒上方,然后缓慢下放至塔筒的法兰面,与之连接。新一代海上安装夹具能够通过远程控制进行旋转、连接和释放,避免了人工手动操作。

首先,将塔筒旋转至正确的安装方位,然后将其吊离甲板,转向基础上方,下放塔筒,直至塔筒法兰落在风机基础法兰上;最后,采用螺栓将塔筒固定在基础上(图 4.4.1 至图 4.4.3)。

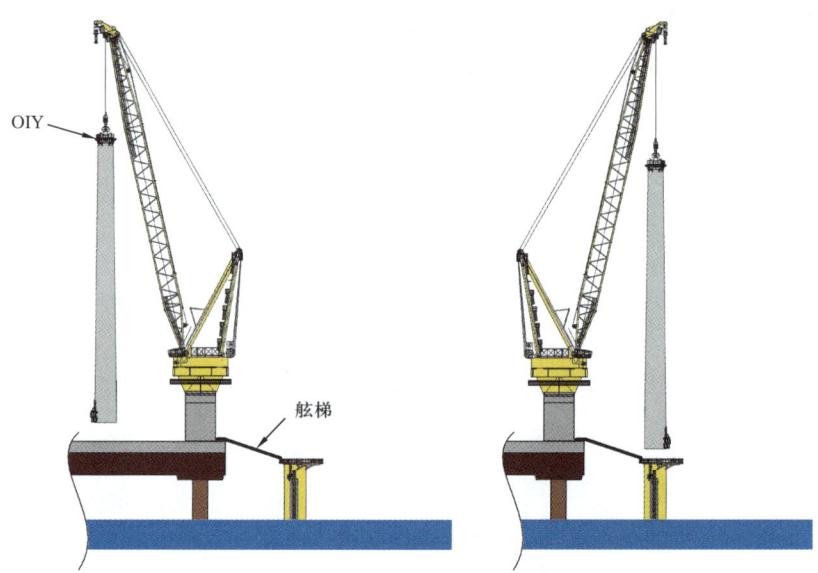

图 4.4.1 塔筒的吊装与下放

图 4.4.2 塔筒、过渡段及舷梯(来源:Gemini 海上风电场项目)

图 4.4.3 塔筒安装（来源：A2SEA 公司）

4.4.2 机舱及轮毂安装

塔筒安装固定完成后，就可以安装机舱。机舱由船舶主吊机进行吊装，使用与塔筒安装相同的吊装工具——海上安装夹具（OIY）。吊车司机根据指令将海上安装夹具提升至指定位置，固定在机舱上；之后，将机舱吊离甲板。在此过程中，使用海上安装夹具按照要求转动机舱，使其朝向塔筒，同时提升到所需要的安装高度。当机舱放置于塔筒上方时，就可以下放，直到机舱法兰落到塔筒法兰上。最后，采用螺栓将机舱固定在塔筒上（图 4.4.4 至图 4.4.7）。

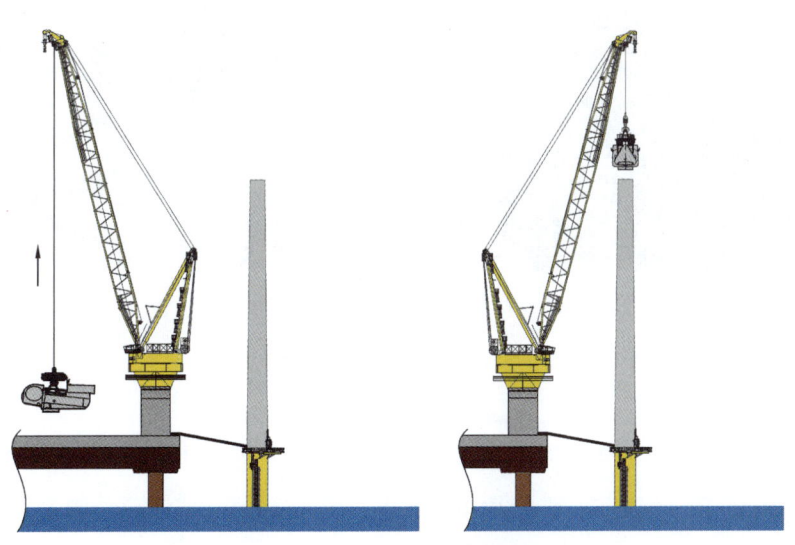

图 4.4.4 机舱的吊装及下放

图 4.4.5 Norther 风电场的机舱吊装作业（一）

图 4.4.6 Norther 风电场的机舱吊装作业（二）

4.4.3 叶片安装

调试开始前，最后安装的部件是叶片。叶片吊装的辅助工装叫作叶片安装工具（Blade Installation Tool，BIT）或叶片吊装夹具（Blade Lifting Yoke，BLY）（图 4.4.8）。该工具配备了液压压力靴,其设计与叶片的几何形状相匹配。叶片安装工具结构灵活,在叶片安装过程中可使叶片保持良好的稳定性(图4.4.9至图4.4.11)。使用该工具,可避免高空作业和手动搬运索具,从而提高了安全性,减少了施工时间。当叶片安装工具与叶片连接完成后,吊车司机按照指令将叶片缓慢吊至要求高度,然后转向即将与其连接的机舱轮毂(图4.4.12)。风机技术人员从机舱内部将叶片连接至轮毂的法兰,再用螺栓将两者固定在一起。

图4.4.7　Norther风电场和Taranto风电场机舱安装

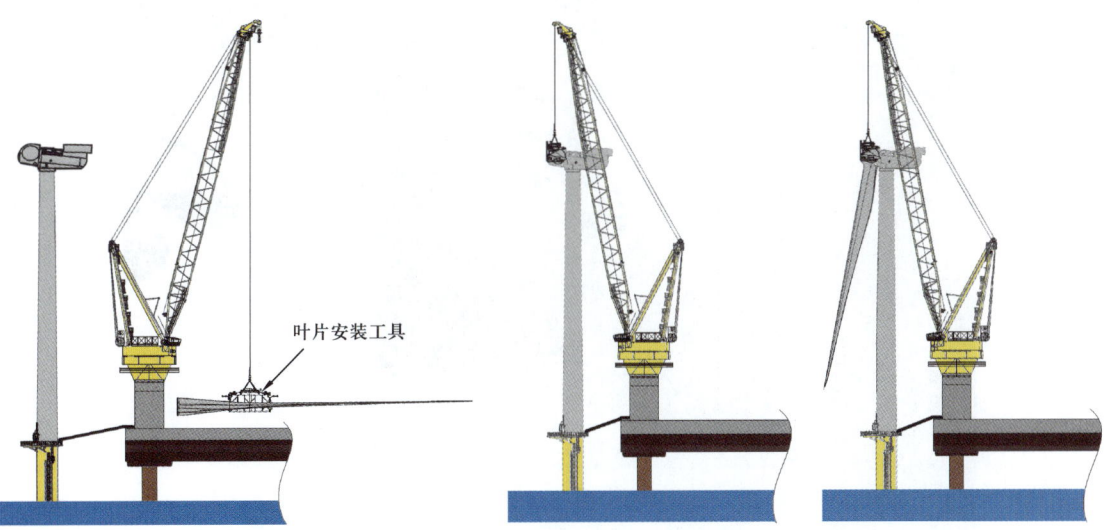

图4.4.8　叶片的吊装和安装

第一片叶片安装完成后，风机技术人员将轮毂旋转120°，以便于安装下一片叶片。重复此过程，直至3片叶片全部安装完毕（图4.4.9）。

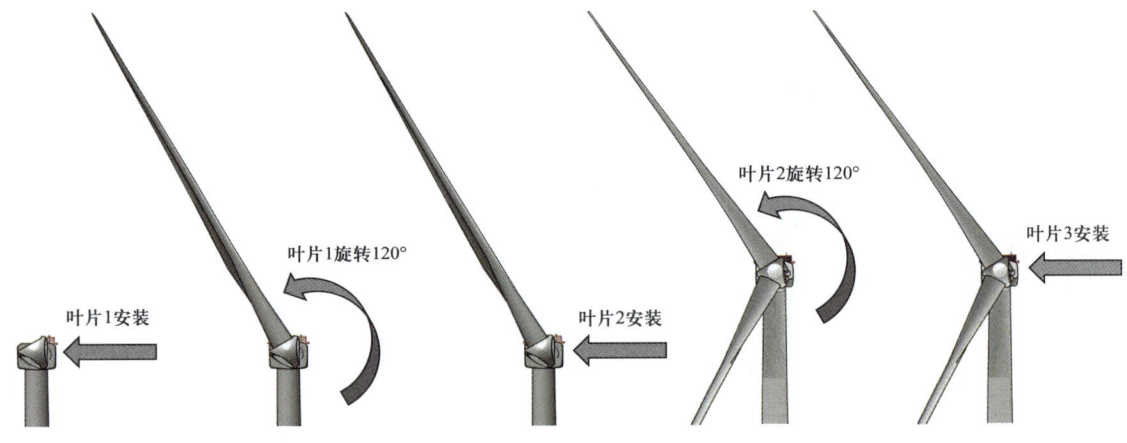

图 4.4.9　叶片安装顺序

4.4.4　叶轮整体安装

另一种海上安装叶片的方法是"预组装叶轮整体安装"，即所有叶片在岸边或码头安装到轮毂上；之后，在装载过程中，将整个预组装的转子吊装至施工船舶，运输至海上施工现场；最后，通过一次吊装完成海上安装。

图 4.4.10　Norther 风电场连接叶片

图 4.4.11　Norther 风电场连接叶片（来源：Norther）

选择预组装叶轮整体安装方法可能有很多原因，包括制造商的设计、发电机的大小、叶片的长度、所使用的安装船类型和承包商的偏好。

图 4.4.12　风电场施工过程中叶片与机舱连接

4.4.4.1　叶轮整体装船

在码头，将预先组装完成的叶轮放置在运输框架上；然后，用吊具（吊索、卸扣和平衡梁）将两者一起吊至船舶甲板上，并进行固定（图 4.4.13）。

设计运输框架时，需考虑叶轮堆放的荷载工况。

在缆绳系统的控制配合下，船舶主吊机将预组装叶轮吊离码头。通过调整缆绳旋转叶轮，将其转向船舶主甲板。当叶轮处于落地位置上方时，就会被下放到甲板并绑扎固定，做好海上运输的准备（图 4.4.14 至图 4.4.16）。

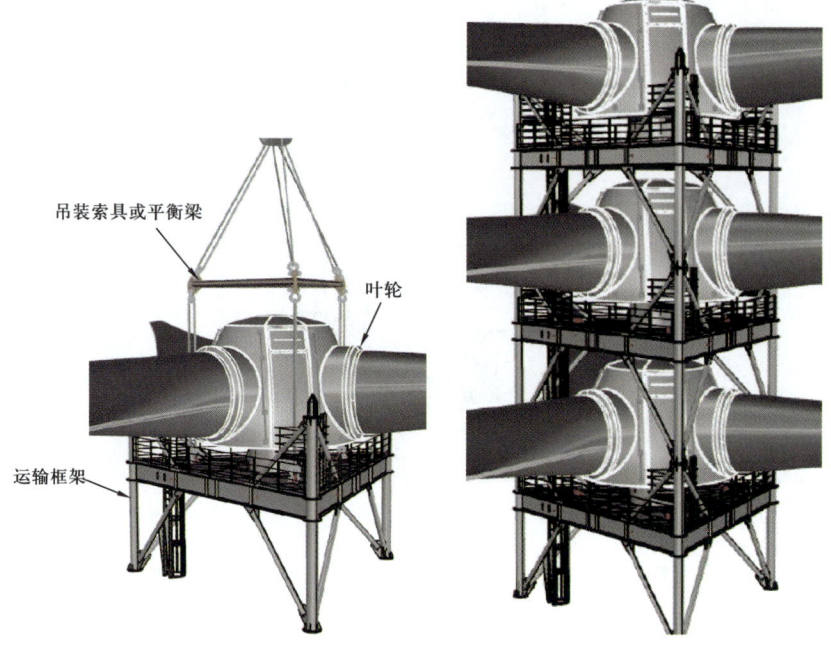

图 4.4.13　固定在运输框架上的预组装叶轮

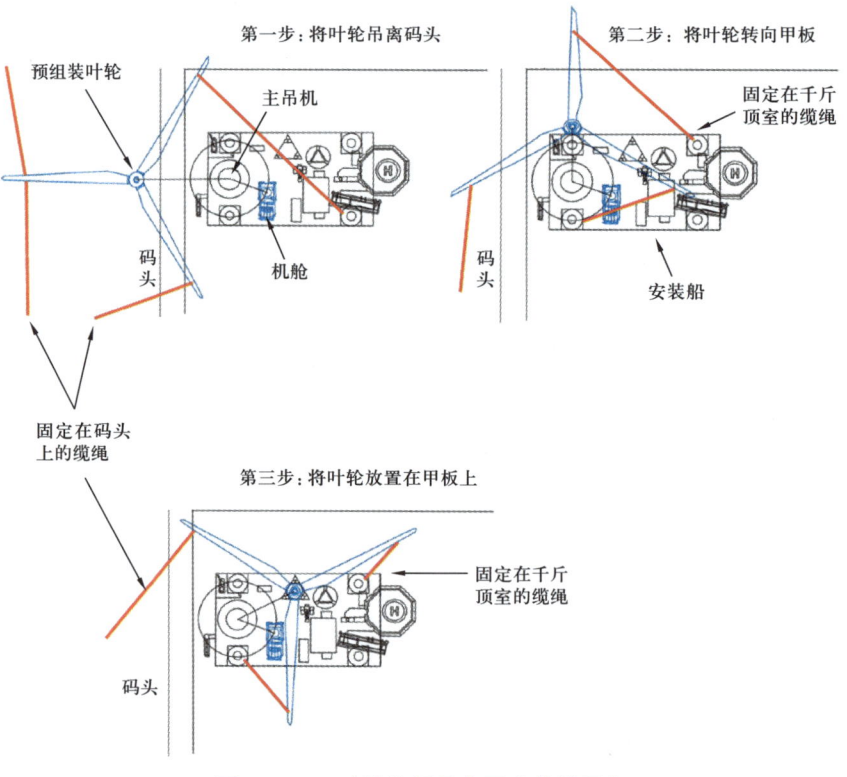

图 4.4.14　叶轮装船示意图（俯视图）

图 4.4.15　预组装叶轮装船（一）（来源：Global Tech 1）

图 4.4.16　预组装叶轮装船（二）（来源：Borkum Trianel 风电场）

4.4.4.2　叶轮安装

安装叶轮前，需将其从水平位置（0°）倾斜至近垂直位置（85°）。该操作通过叶轮翻转工具（Rotor Star Tilting Traverse，RTT）来完成（图 4.4.17）。叶轮翻转工具是一种远程操控的吊装工具，可有效避免作业过程中的人工操作。

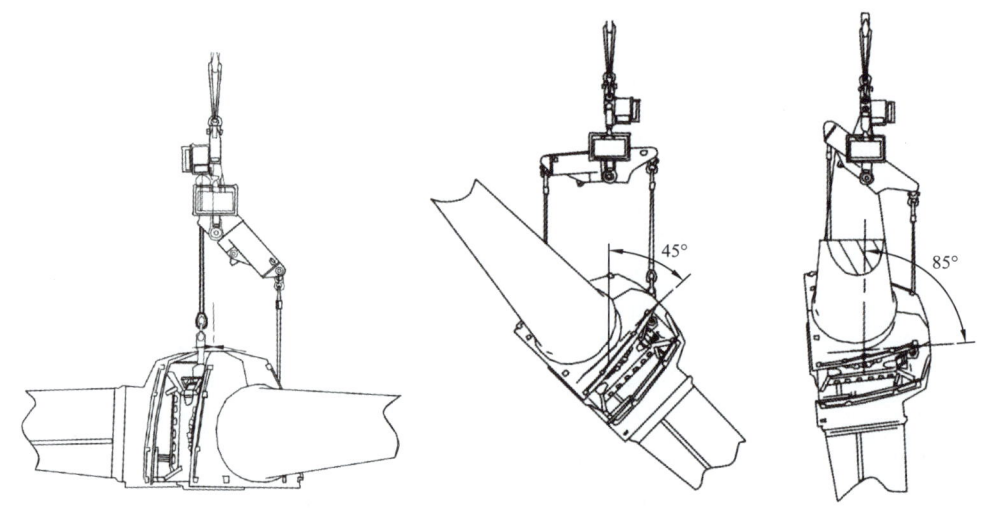

图 4.4.17　叶轮从水平位置倾斜至近垂直位置的翻转过程

首先，将叶轮转向舷外，避免在翻转过程中遇到任何障碍物，从而能够安全地倾斜至近垂直状态。操作过程中，用缆绳（缆绳系统和卷缆绞车）配合，使吊装作业安全可控，防止出现摆动（图 4.4.18）。

(a) 叶轮及RTT处于水平位置　　　　　　　　　　(b) 叶轮及RTT倾斜过程

图 4.4.18　叶轮倾斜过程（来源：德国海上风电基金会）

当叶轮处于要求位置时，缓慢移向机舱并用螺栓连接固定。之后，与翻转工具断开连接。

为确保安装过程中荷载变化处于受控状态，可使用多个绞车进行叶轮的牵引、转动和控制。这些绞车按照一定的技术要求布置在船上，如千斤顶室等（图 4.4.19 至图 4.4.21）。

叶轮安装完成后，船舶就可以离开，准备进行发电机组的调试。

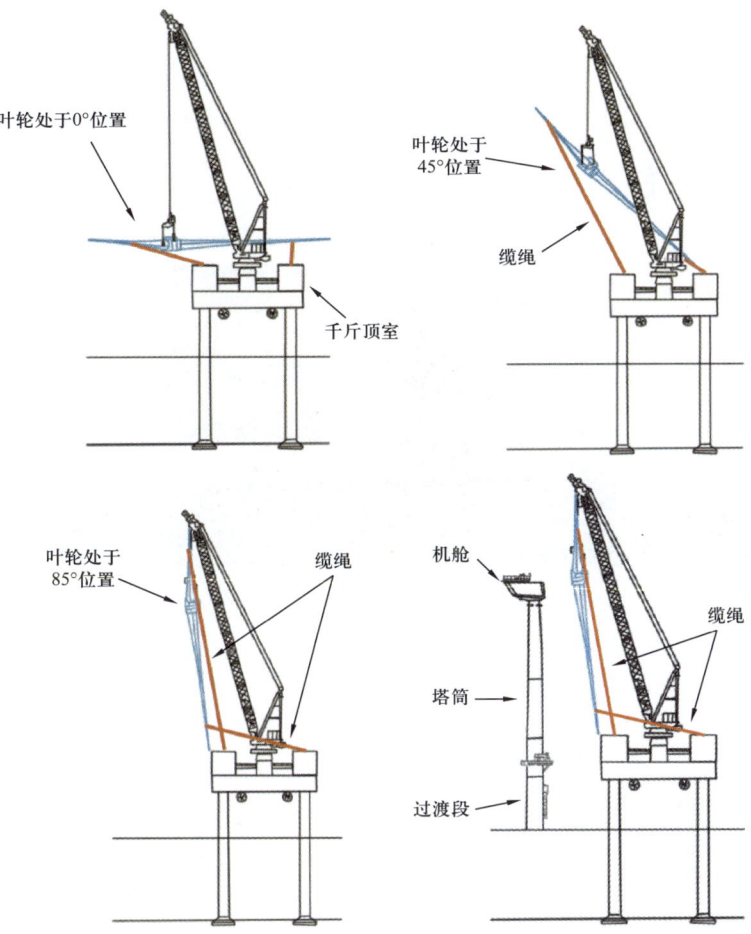

图 4.4.19 叶轮安装及缆绳系统示意图

图 4.4.20 叶轮海上安装（来源：Fred Olsen）

图 4.4.21　Gemini 项目安装完成的海上风电机组（来源：Gemini 海上风电场项目）

4.5　调试

　　海上风电场调试是一个复杂的过程，涉及各参与方需要详细规划、协调和执行，确保风力发电机组及相关基础设施安全、高效、可靠运行。这个过程涉及一系列活动，包括预调试、调试中及调试后的工作，对海上风电场的成功开发和顺利运营至关重要。各个利益相关方均应参与其中，包括项目开发商、承包商、设备供应商及相关政府监管部门。

　　预调试工作一般包括风力发电机组和相关基础设施安装之前的准备和规划工作。这些工作包括设备和材料的选择，单个部件或子系统的测试，项目详细计划的制定，以及风险评估和安全评估。做好预调试工作非常重要，可确保整个项目能够正确设计和实施，满足安全、质量和环境标准的要求，确保各种设备在运输至海上之前能够正常运转（图 4.5.1）。

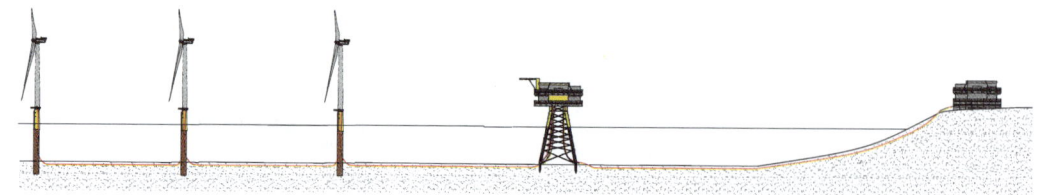

图 4.5.1　风机基础、海上升压站、海底电缆及风电机组全部完成安装后

调试过程本身包括风力发电机组及相关基础设施的安装、测试和运行,以及将海上风电网并入更大的陆上电网。这个阶段通常涉及一系列的测试和检查,确保各设备运转正常,符合安全和质量标准的要求。风力发电机开始运行后,各设备逐步上线并在不同操作条件下进行测试。测试过程中需要识别和解决各种问题或缺陷,确保发电机能够安全有效地运行。这个调试过程还包括将风电场并入能源电网、将陆上变电站连接到国家电网,并测试电网连接状态,确保风电场的输出功率稳定可靠,控制在要求的电压和频率限制范围内(图4.5.2)。

图 4.5.2　海上升压站的调试

调试后工作,即投产后风电场的运维,指项目投产后,对风电场进行长期维护和监控。这个阶段一般包括风力发电机组和相关基础设施的定期检查、运行性能和电能数据的监测,以及实施预防性维护工作,避免突然停机并确保设备的可靠性。调试后的运维工作对于风电场的长期成功运行和盈利至关重要。为改善工作性能,提高可靠性和安全性,还有可能涉及风电场的升级改造。

总之,海上风电场的调试是一个复杂且富有挑战性的过程,要求各相关利益方必须具有高水平的专业技能、团结合作及良好的沟通协调。只要遵循以往项目的成功经验,严格遵守安全和质量标准要求,项目开发者们就能够确保风电场安全、高效和可靠运营,促进可再生能源产业的良性发展。

5 漂浮式风机基础

5.1 浮式风电

欧洲海上风电行业中，目前应用最普遍的风机基础形式是固定式基础（如前几章所介绍的单桩基础或导管架基础）。然而，这些基础形式只适用于水深小于 50m 的海域。漂浮式海上风电基础的出现解决了这个难题，开辟了可再生能源的新领域（图 5.1.1）。

图 5.1.1 不同的浮式基础技术（来源：SBT 公司）

一般来说，离岸越远，海上平均风速越高且越稳定。欧洲大约 80% 的海上风能资源位于水深超过 60m 的水域，如果这些区域采用固定式海上风机基础，则在经济上不具有可行性。建立漂浮式海上风电场，全年可以持续产生更多的电能、具有更高的容量系数[1]。一些海上风电最大的潜在市场，例如日本和美国，几乎没有适合海上风能开发的浅水区

---

[1] 容量系数是风电场运行年有效利用小时数与全年小时数的比值，或风电场实际运行年上网电量与额定年上网电量的比值。具有较高的容量系数，意味着可以在相同的时间内提供更多的电力。——译者注

域。由于不会受到开发区域水深的限制，漂浮式海上风电机组很有可能会成为风力发电行业的变革者，改变整个海上风电行业的格局。同时，漂浮式海上风电机组为欧洲国家的海上风能行业（例如法国、挪威、西班牙和葡萄牙）开发了新市场，使得在浅水区域（最低水深可达30m）开发优质风能资源成为可能；而在这些浅水区域，使用固定式风机基础在经济上是不可行的。

浮式风机为海上风电行业的发展提供了两个决定性机遇：

（1）浮式基础可用于深水海域。在水深超过50m的地方，浮式基础可以应用于风力资源丰富且靠近人口分布中心的大片地区。对于一些国家，如那些大陆架狭窄的国家，浮式基础为大规模海上风电开发提供了唯一机会。

（2）浮式基础可便于风力发电机的设置。在中等水深条件下（30～50m），考虑到基础设计标准化和低成本、易锁定安装船舶的使用，浮式基础很可能会成为固定式基础的低成本替代方案。

另外，相比于固定式基础，浮式风机基础对海床的破坏性较小，因而对环境更加友好（来源：IRENA，EWEA）。

5.1.1 欧洲浮式风电项目列表

2020年，新建海上风电场的平均水深是36m，相比2019年（34m）略有增加。其中有两个浮式项目尤为突出，它们是英国的Kincardine风电场和葡萄牙的Windfloat Atlantic风电场，水深分别是67m和100m。英国的Moray East风电场水深为45m，使用导管架基础作为风机基础，成为固定式基础应用水深最深的项目。大部分浅水区域的项目使用单桩基础形式。

2020年建设的海上风电场离岸平均距离为44km，与2019年（52km）相比有所减少。这是因为2019年有四个项目的离岸距离超过了90km，而2020年只有英国的Hornsea Two风电场和德国EnBW Albatros风电场的离岸距离有这么远❶。

截至2020年底，欧洲的浮式风力发电机装机容量总计达到62MW，占全球浮式风电装机容量的83%。随着葡萄牙Windfloat Atlantic项目（25MW）调试投产，这一数字还会继续增加。在苏格兰阿伯丁海岸，Kincardine（50MW）正在建设中。该风场计划安装5台V164-9.5MW风机，一旦投产，将成为世界上最大的浮式风电项目。Hywind Tampen（88MW）海上浮式风电项目在2019年获得了金融投资决策，相比于第一个采用Spar-Buoy结构的Hywind Scotland海上浮式风电项目，Hywind Tampen项目的目标是总投资减

---

❶ Hornsea Two海上风电场位于英格兰东海岸，离岸89km，面积为462km², 装机容量为1.32GW；EnBW Albatros风电场距离德国北海海岸105km。——译者注

少40%。2020年，在德国和西班牙进行了两个缩比样机试验，测试浮式风电基础的创新设计方案。德国能源公司 EnBW 在波罗的海格里夫斯瓦尔德湾测试了 Nezzy 2 型浮式风电平台样机，该样机在一个平台上安装了两台倾斜的风机，并计划在 2021 年至 2022 年进行全尺寸样机实验。SAITEC 海洋技术公司在圣迭戈海岸测试了 BlueSATH 方案，SATH（双船体摇摆技术）的概念旨在使平台围绕单点系泊随波浪和流的方向旋转。RWE 可再生能源公司签署了一项合作协议，计划在 2022 年进行 DemoSATH 的全尺寸样机原型实验。

未来十年，欧洲计划开发总容量超过 7GW 的漂浮式海上风电项目。法国、挪威和英国是最雄心勃勃的国家，葡萄牙、爱尔兰、西班牙、意大利和希腊等国家也将参与其中。法国将拍卖首批 3 个 250MW 风电场址，而挪威在 2021 年开放了两个风场（总容量为 4.5GW），其中一个适合采用浮式基础。目前，苏格兰拥有最大的海床租赁项目（ScotWind），预计将在水深更深的地方采用浮式风电技术。这个开发计划是及时的，因为皇冠房地产公司（Crown Estate）在与英国政府的差价合同修正案中，包括一个新兴技术的独立条款，即浮式风电基础和固定式风电基础这两种形式不再直接竞争同样的拍卖容量。

即将投入运营的最大浮式风电场项目见表 5.1.1。

表 5.1.1 投入运营的最大浮式风电场项目

国家	风场	容量（MW）	浮式基础类型	风机数量（台）	风机型号	计划投产时间
法国	E.liennes Flottante de Groix	28.5	半潜式	3	V164-9.5MW	2022 年
	EFGL	30	半潜式	3	V164-10.0MW	2023 年
	EolMed	30	驳船式	3	V164-10.0MW	2023 年
	Provence Grand Large	25	张力腿式	3	SWT-8.4-154 DD	2023 年
挪威	Hywind Tampen	88	单柱式	11	SWT 8.0-154 DD	2022 年
英国	Kincardine	50	半潜式	5	V164-9.6 MW	2021 年

来源：WindEurope。

5.1.2 浮式风机基础

浮式风机基础结构主要由三部分组成。

5.1.2.1 锚/系泊系统

目前，用于固定浮式结构的锚主要包括以下几种类型：重力锚、桩锚、拖曳锚和吸力锚。

海上风电场主要使用三种深水海洋基础形式，这些基础从海上石油和天然气开发行业改进而来。随着业界对深水区域利用风能的关注逐步增加，预计还会出现新的浮式风机基础概念。

（1）单柱式（Spar）。这种类型的基础是一个大型圆柱形浮筒，底部配备压载，使整个结构的重心远远低于浮心，因而具有良好的稳定性，为上部风力发电机提供了稳定基础。虽然下部结构很重，但上部靠近水面的部分通常是空心构件，提高了浮心位置。第一个采用这一技术的是Hywind，但日本海上联合公司、DeepWind、SeaTwirl和Windcrete等很快也会采用这种方案。

（2）张力腿式（TLP）。张力腿式基础是一种浮力非常大的半潜结构。由于其重力小于浮力，与TLP相连的张力系泊缆始终处于张紧的状态，将平台锚定在海床上，以增加结构的浮力和稳定性。这项技术的首个开发者是Principle Power（WindFloat），但福岛前进公司、Ideol（Floatgen）、Hexicon、Aerodyn、DeepCwind、Floating Power Plant、GustoMSC、Nautilis Floating Solutions、EDF和TetraFloat等公司可能也会很快跟进。

（3）半潜式。半潜式基础结合了前两种设计理念，大部分浮体没于水中，提供结构所需要的稳性。WindFloat漂浮式海上风电场项目采用了半潜式基础；而最早采用这项技术的是Gicon公司、PelaStar公司、Blue H Group公司、DBD System公司和Nautica Windpower公司等可能也会很快跟进。

5.1.2.2 风力发电机

如前所述，海上风机塔筒通过螺栓与浮式基础法兰连接。目前，浮式基础可支撑容量3MW的风力发电机，在未来，这个数值将会继续增加。另外，海底电缆悬挂在浮式基础上，设有动态单元以适应水下基础的运动响应。

下一节将描述和介绍各种锚和系泊系统、下部结构及其安装方法。

5.2 锚固系统

浮式结构通过锚固系统固定在海床上。锚固基础的类型和数量取决于浮式结构的类型、海床土壤条件、天气条件和安装水深等因素。如上所述，目前系泊浮式结构常用的锚固基础包括：重力锚、桩锚、拖曳锚和吸力锚。

每种锚都有独特的安装方法，可根据具体的海床情况、作业水深和可使用的安装船舶等条件选型确定。系泊缆安装完成后，通过连接浮筒增加浮力使之漂浮在水面上，以便于安装船将其连接到浮体结构上。

为使风力发电机在海上保持稳定，必须采用系泊装置将浮式基础固定在海床上。在浮式风电行业中，系泊缆是重要的结构部件，通常由锚链、钢缆或合成绳索组成，将锚固基础与浮体结构连接起来。系泊缆材质具有良好的耐久性能，可以抵抗恶劣海况的作用，确保漂浮式风电机组的安全运营。按照一定要求进行设计、制造、安装和维护，对保持系泊缆的有效性至关重要。通常，一个浮式基础至少需要设置9条系泊缆，每条缆绳长达几千米。

随着深水风能资源开发需求逐步增加，新的深水设计方案和锚固基础形式，以及相应的安装方法也会不断涌现。

5.2.1 重力锚

重力锚是中空箱型结构，里面填充高密度材料，承载能力取决于锚的自重及与海床之间的摩擦力。重力锚在自重作用下贯入海床一定深度，该入泥深度取决于锚的质量、几何形状和土壤性质。重力锚形成的锚泊系统，竖向抗拔力的估算方法与吊起地面重物的吊装力类似（图5.2.1）。

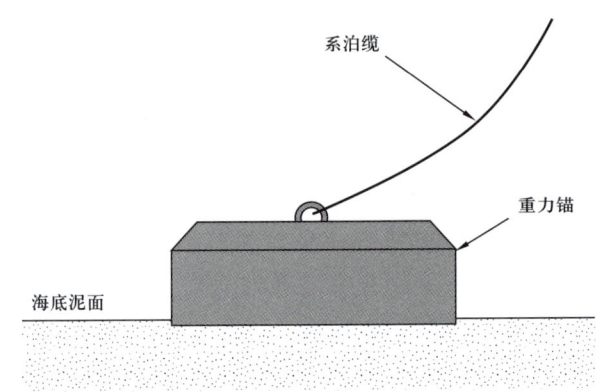

图 5.2.1 重力锚

安装方法：通过安装船或抛锚艇运输和布放重力锚。借助船舶上的吊机或A型架将锚下放至海床，整个过程应使用水下机器人进行监控。锚就位后，通过水下机器人或自动解脱系统解除与吊索的连接。安装船离开之前，将一定数量的浮筒连接到系泊缆上使其保持浮力。重力锚也可以采用内部中空并分舱浇筑的混凝土箱型结构，利用整体浮力湿拖至安装地点，然后压载就位（图5.2.2）。

5.2.2 桩锚

桩锚通常由中空钢管组成，通过水下打桩或振动贯入海床，上端带有耳板，与系泊缆连接。桩锚通过桩土间的摩擦力提供承载力，不仅能承受水平荷载，还能抵抗垂向荷载，适用于坚硬土层（图5.2.3）。

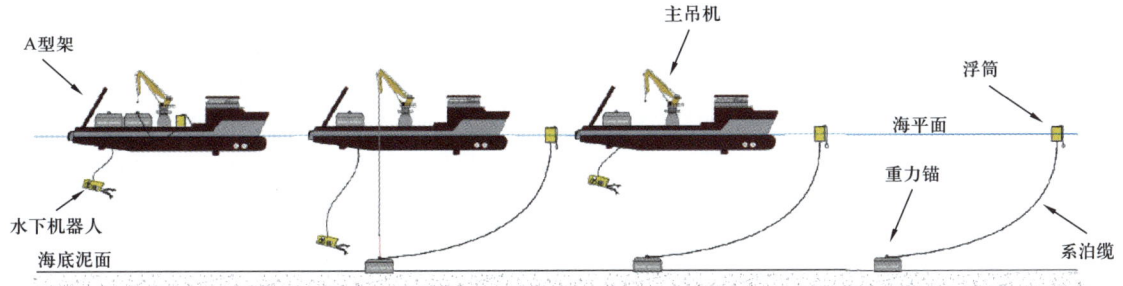

图 5.2.2 重力锚安装方法

安装方法：整个安装过程均由水下机器人监测并提供协助。首先，按照勘察方提供的坐标将打桩基盘吊装入水并放置在海床上（图5.2.4）。基盘就位后，主吊机将桩锚从船上由水平状态翻转至垂直状态并下放到打桩基盘里。桩的扶正和吊装过程由起桩器完成，通过水下机器人或自动解脱系统解开与吊索的连接。之后进行水下打桩，主吊机将桩锤吊起放置在桩顶部，将桩打入到要求深度。打桩完成后，将桩锤吊回至船上，回收打桩基盘。安装船移位前，在系泊缆上安装浮筒。桩锚安装费用昂贵，因此在实际工程项目中应用较少。

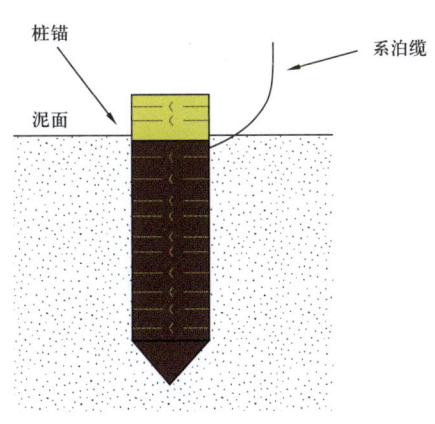

图 5.2.3 桩锚

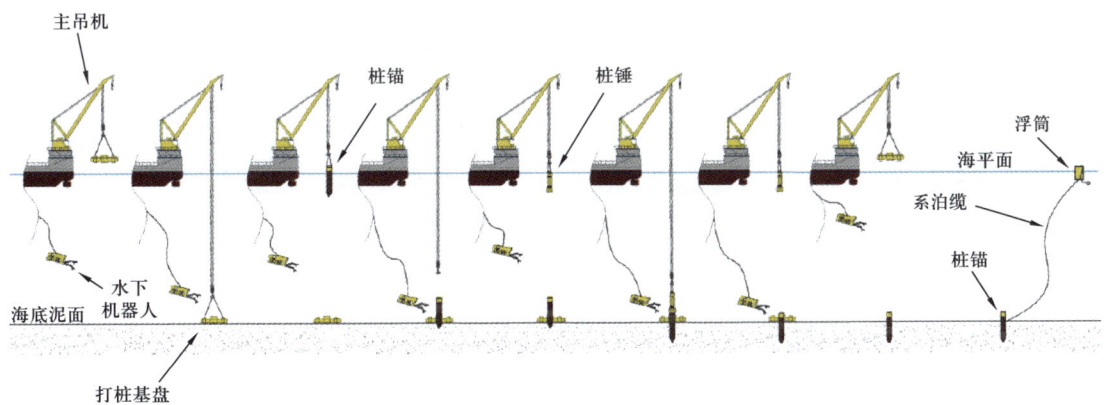

图 5.2.4 桩锚安装方法

5.2.3 拖曳锚

拖曳锚由锚爪和锚柄组成，锚爪嵌入海床固定，锚的承载能力由最终位置处的土壤参数和锚爪面积决定（图 5.2.5）。传统拖曳锚是"嵌入锚"（Drag Embedment Anchors, DEAs），主要靠锚的前部结构与土壤的摩擦力来抵抗外力，可承受较大的水平力。新型拖曳锚又称作"法向承力锚"（Vertically Loaded Anchors, VLAs），能够同时承受水平荷载和竖向荷载，具有良好的承载性能。在欧洲，嵌入锚是使用最广泛的一种锚固结构，易于安装、便于回收，但由于嵌入运动轨迹的不确定性较大，很难准确预测极限承载力。在安装拖曳锚之前，不需要对海床进行完整的地质勘测。

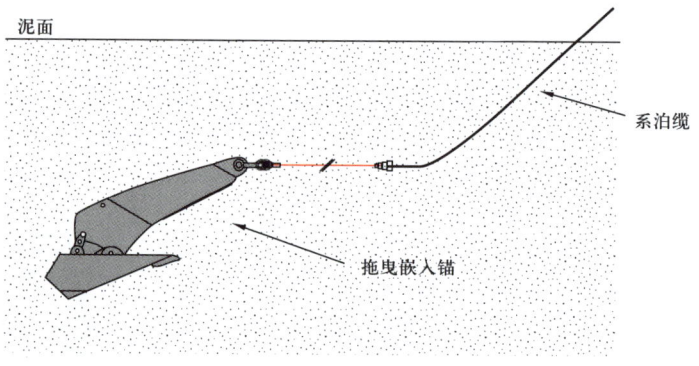

图 5.2.5 拖曳锚

安装方法：嵌入锚可由抛锚艇布放。对抛锚艇的吊装能力没有特殊要求，有没有 A 型架都可以。抛锚艇到达指定地点，使用快速释放系统下放锚体。锚体接触海床后，使用抛锚艇拖拉锚体，在拖曳力的作用下锚板逐步嵌入海床，直至达到要求的承载力。之后，在系泊缆终端安装浮筒，以便于后续的安装船（拖轮、海上施工船或抛锚艇）将系泊缆与浮式风机基础结构相连（图 5.2.6）。

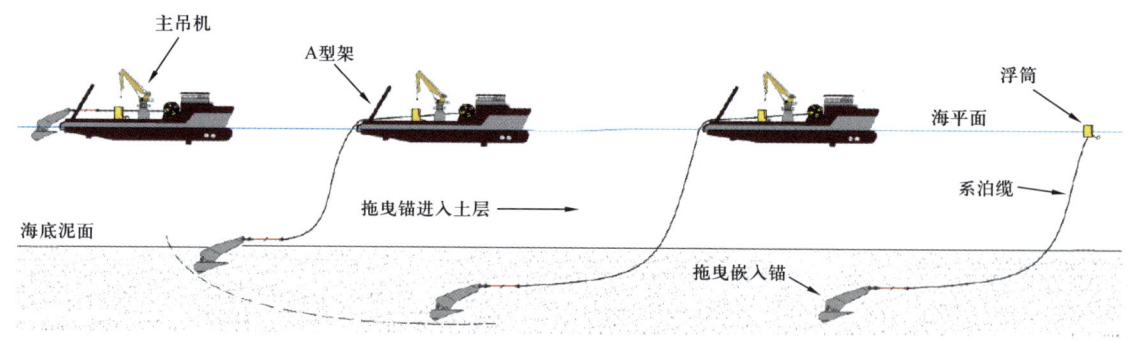

图 5.2.6 拖曳锚安装方法

5.2.4 吸力锚

吸力锚、吸力桶或吸力桩，是一个顶部封闭的中空圆柱体，通过将桶内的海水泵出形成压力差进行安装。承载能力由摩擦力和端部承载力提供，包括桶体内外壁的侧摩阻力，以及作用在系泊耳板或桩底的摩擦力。吸力锚可由海上施工船和抛锚艇进行安装（图 5.2.7）。

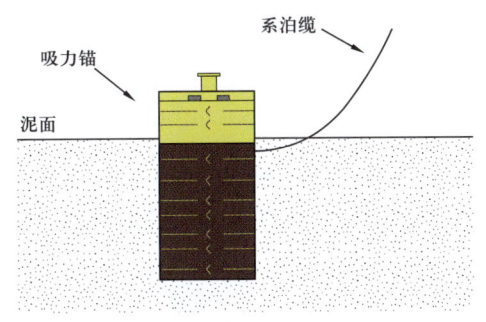

图 5.2.7　吸力锚

安装方法：在吸力锚结构和吸力泵下放到海底之前，需要将吸力泵放置在吸力锚顶部。一旦接触海底，吸力锚就开始进入自重下沉阶段，通常会贯入海床 20%~50% 的桩体长度。然后，启动吸力泵将桶体内部的水泵出，形成负压，利用真空效应将桩体不断压入土壤中。达到设计入泥深度后，断开泵的连接，将其回收到甲板上。如果将水注入锚体内部形成正压，则可将吸力锚顶出进行回收（图 5.2.8）。

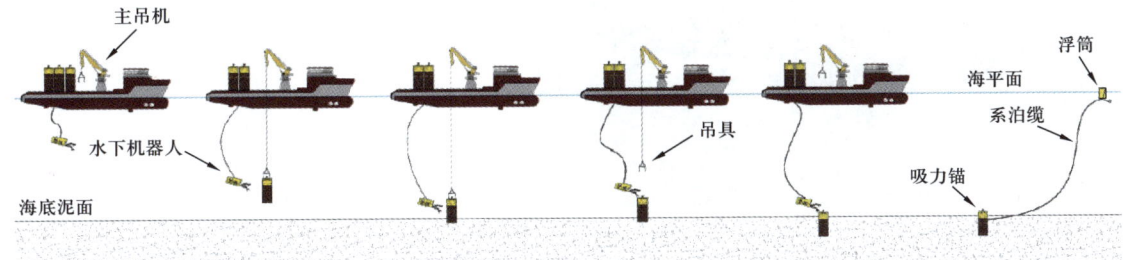

图 5.2.8　吸力锚安装方法

由于自身大直径的结构特点，土壤的端部承载力和侧摩阻力使吸力锚能够承受来自系泊缆的巨大荷载。能否采用吸力锚作为锚固方案，取决于海底土壤条件，一般在黏土中应用效果良好。有时，由水下机器人携带吸力泵进行吸力锚的安装。

5.3　浮式基础

5.3.1　单柱浮筒式基础

单柱浮筒式基础（以下称为 Spar 浮筒基础）是水线面较低的圆柱体，通过压载将重心保持在浮心以下。这种浮式基础结构通过悬链线，或者带有拖曳锚或吸力锚的张紧系泊缆固定在一定位置。Spar 浮筒基础配有靠船件、电缆护管（电缆进出孔）、防止进水的气密平台、压载泵的连接口，以及牺牲阳极（用于防止不活跃表面腐蚀的高活性金属）（图 5.3.1）。Equinor 的研究表明，他们的 Hywind 浮式风机（Spar 浮筒基础设计）可在 800m 水深内使用。

5.3.1.1　Hywind Scotland 漂浮式风电场，Spar 浮筒基础

挪威石油公司 Equinor 和合作伙伴 Masdar 公司投资 20 亿挪威克朗建设了 Hywind Scotland 项目，与挪威的 Hywind Demo 项目相比，成本降低了 60%～70%。Hywind Scotland 项目于 2017 年 10 月开始发电，是世界上第一个投入运营的漂浮式风电场。该试点项目装机容量为 30MW，它的成功运行证明了未来商业化漂浮式风电场规模可以再扩大十倍。Hywind 浮式风力发电是一种独特的海上风电技术，采用了一系列已有技术和由 Equinor 独立开发的新专利技术。

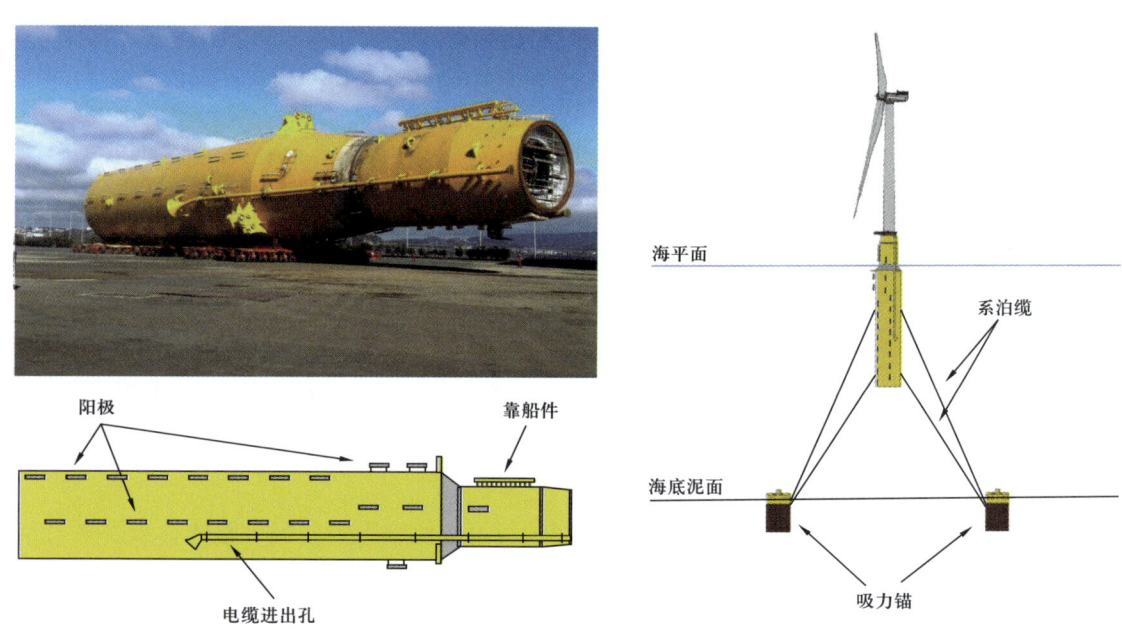

图 5.3.1　系泊状态下的 Spar 浮筒基础

5.3.1.2　Hywind Tampen 漂浮式风电场，Spar 浮筒基础

Hywind Tampen 风电场将用于为挪威北海地区的海上石油和天然气平台供电，是世界上第一个使用风力发电机将现有油气设施电气化的项目；该项目预计 2022 年投入运营❶。据 Equinor 称，该风电场采用 11 个 Hywind Spar 浮筒基础和 11 台 8MW 风力发电

---

❶ 2022 年 11 月，Hywind Tampen 浮式风电场首台海上风机实现首次并网发电。2023 年 8 月，Hywind Tampen 在挪威西海岸正式投产运营，成为目前世界上最大的浮式风电场。在其投运之前，英国 Kincardine 风电场是世界上最大的浮式风电场。——译者注

机，发电量可达到88MW，足以满足Gullfaks油田和Snorre油田等五个石油和天然气平台每年35%的电力需求。该项目可减少这五个平台的二氧化碳排放量，估计每年超过20×10^4t。

Spar浮筒基础的装船方式可分为滚装和浮卸。Spar浮筒基础在制造车间完成建造后，通过自行式模块运输车（SPMT）从制造车间运输到码头，然后装载到一艘半潜式运输船，此过程称为滚装（roll-on）（图5.3.2）。

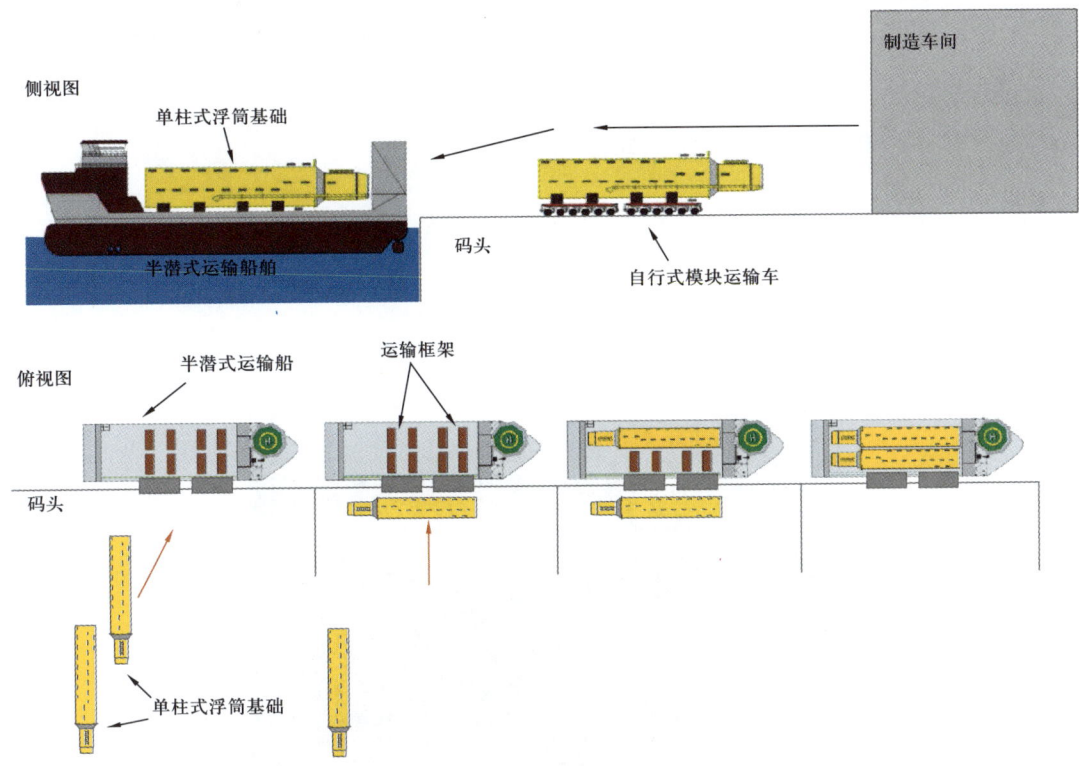

图5.3.2　Spar浮筒基础装船示意图

运输船将Spar浮筒基础运输到另一个港口，进行风力发电机的安装。半潜式运输船用于运送大型、极重的货物，如海洋石油平台、潜水艇、起重机、船舶、系泊装置等。此外货物的装卸可以独立进行，不需要额外的起重机。半潜式运输船压载舱充水后，甲板降低到水面以下，使所运输的油气平台、其他船只或浮动货物能够移动至指定的装载位置（浮装/浮卸）。然后，压载舱内的海水被泵出，甲板上升并承担货物的重量。为了平衡荷载，可以向各个舱室泵入一定量的海水。这种方法类似于造船厂的干船坞，在操作过程中，采用了RoFlo（滚装/浮卸）方法。

进行浮卸装船操作时，首先将半潜式运输船的压载舱充水，使船体下沉至海平面以下，直到Spar浮筒基础处于漂浮状态。然后，使用拖轮将Spar浮筒基础从甲板上拖到安装地点附近的位置,在那里进行 Spar 浮筒基础的扶正施工,为风力发电机的安装做好准备(图 5.3.3 至图 5.3.5)。

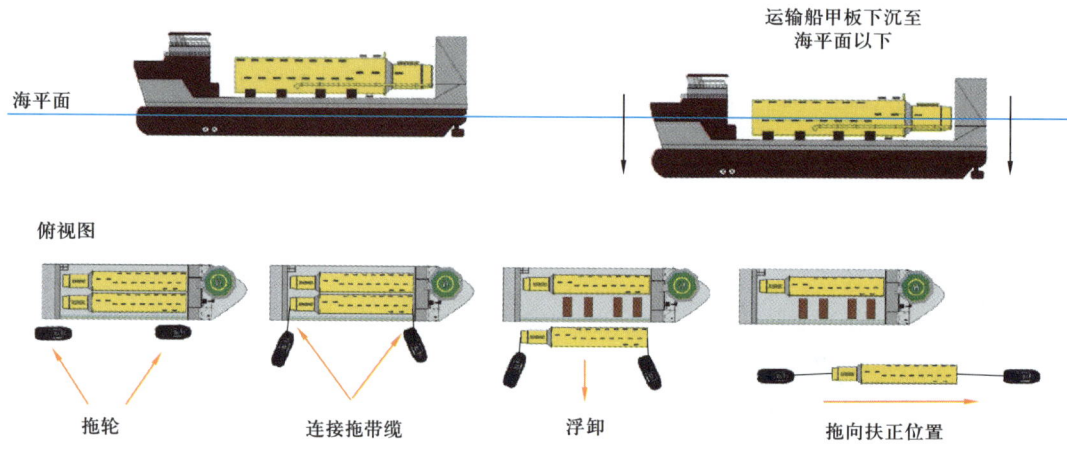

图 5.3.3　Spar 浮筒基础的浮卸过程

图 5.3.4　Hywind 项目水下结构装船(来源:Equinor 和 Olaf Nagelhus Woldcam)

图 5.3.5　Hywind 项目水下结构浮卸（来源：Equinor 和 Olaf Nagelhus Woldcam）

　　Spar 浮筒基础的扶正通过压载完成。使用压载泵将下部的舱室充满海水，使 Spar 浮筒基础的底部浸没入水并保持直立。然后，用大量固体压载物填充下部结构，同时泵出一部分海水以保持结构的吃水深度（图 5.3.6）。

　　为减少海上施工的时间和风险，将风力发电机在陆上进行整体组装，组装工作在码头边通过浮式起重船来完成。起重船使用专门设计的吊装索具（吊装框架、吊索、吊装附件），从码头边一次起吊整个风机。装船完成后，安装船舶驶向海上安装现场，将风机直接放置在下部结构的法兰上，然后用螺栓（如果需要，还可以灌水泥浆）进行连接固定（图 5.3.7）。目前，Heerema 公司正在测试其他连接技术，如基于摩擦的滑动接头连接（由 DOT 公司开发）。

　　风机安装完成后，整个结构就可以准备拖航，由一艘或多艘拖轮将其湿拖至现场（图 5.3.8）。

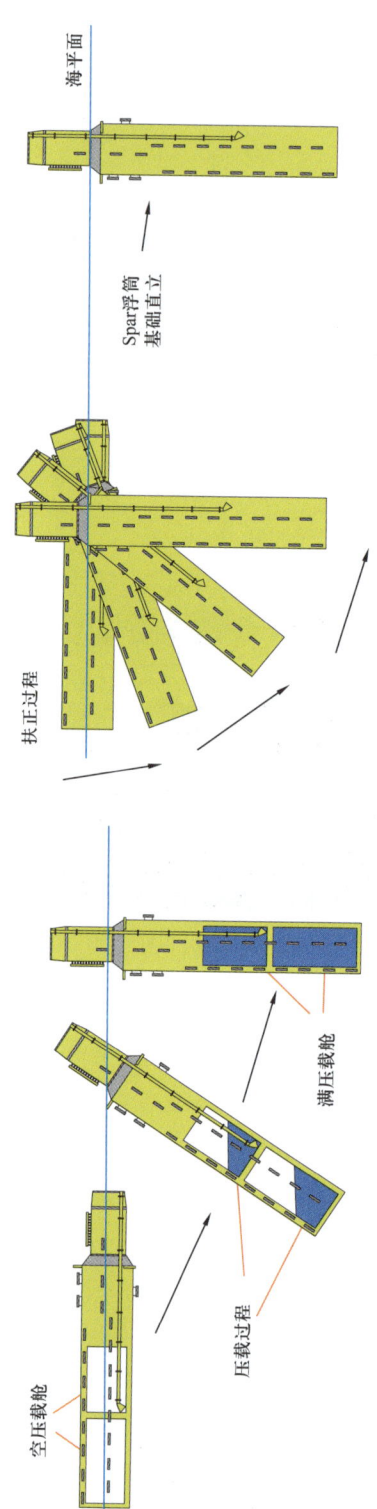

图 5.3.6 Spar 浮筒基础扶正过程

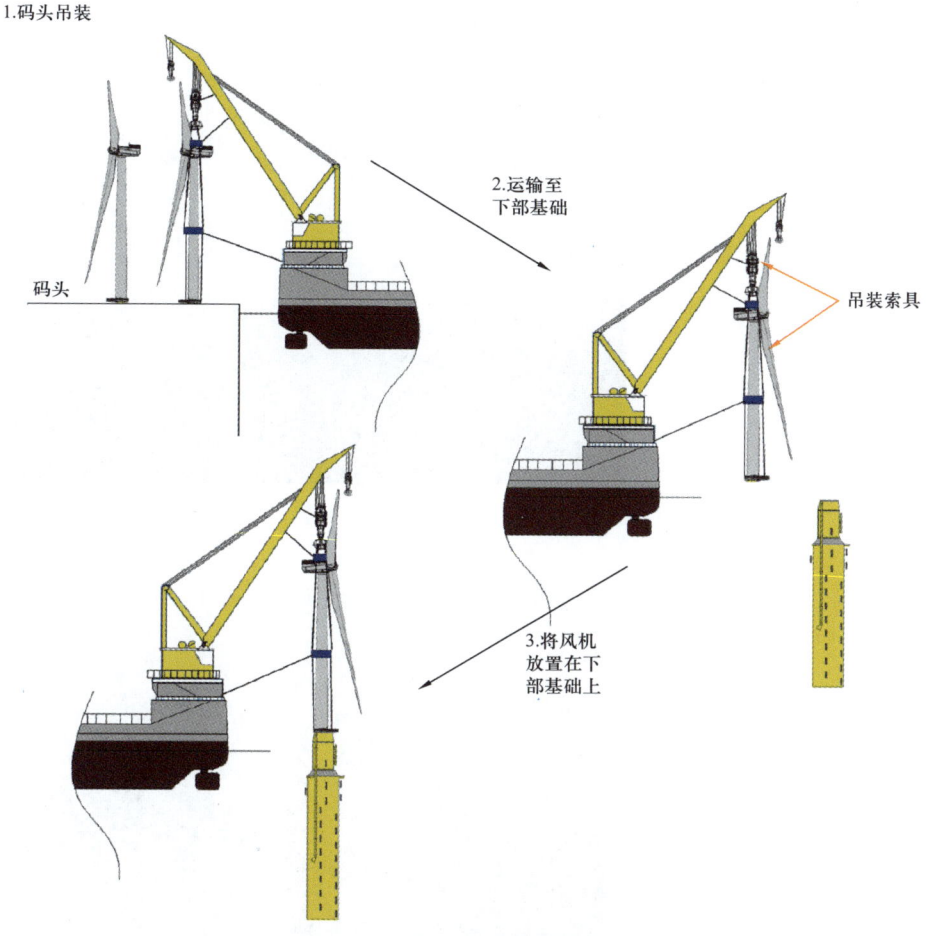

图 5.3.7 浮式基础安装风机

到达海上施工现场以后，Spar 浮筒基础与拖轮断开连接，和预先安装好的系泊缆（已连接至锚固基础）相连。Spar 浮筒基础锚泊固定后，拖轮可以离开，然后敷设海底电缆，最后进行风机的海上调试（图 5.3.9）。

5.3.2 半潜式基础

半潜式基础的下部结构由多个大型立柱组成，立柱之间通过支撑及水下浮箱连接。立柱提供了静水压稳定性，浮箱提供了额外的浮力。半潜式基础平台配备有靠船件、海底电缆护管（电缆进出孔）、压载泵连接口和阳极等附属结构，通过悬链线或张紧式系泊缆以及拖曳锚 / 吸力锚固定在特定位置（图 5.3.10）。

半潜式基础在传统浮式或定制干船坞中建造和组装，以减少海上作业的时间和风险，建造完成后浮拖到作业现场进行安装。干船坞是一种狭长的水池或船只，下部是若干个压

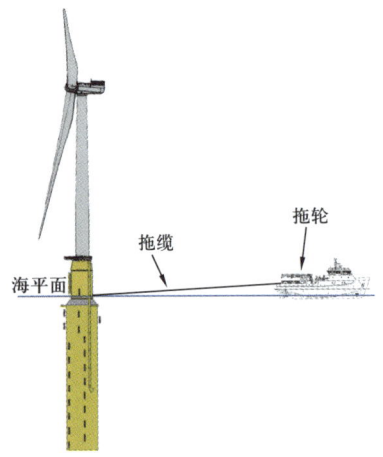

图 5.3.8　Hywind 拖航至施工现场（来源：Equino）

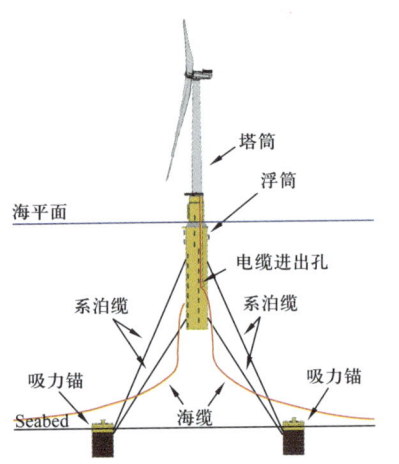

图 5.3.9　完成安装后的 Spar 漂浮式风机（来源：Equino）

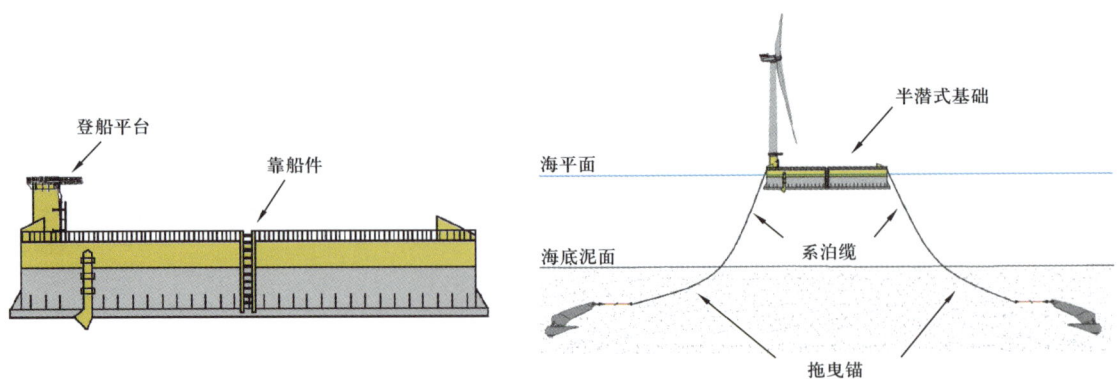

图 5.3.10　半潜式基础示意图

载水舱组成的浮箱，可以通过调整充水量使船体淹没于水面以下，从而允许结构物漂浮进坞；然后排出压载水上浮，使结构物停留在坞底。浮船坞主要用于建造、维护和修理大型、小型船舶，以及其他水工结构物。

与 Spar 浮筒基础不同，半潜式基础安装不需要扶正。

以下介绍欧洲装机容量超过 30MW 的半潜式浮式基础项目。

船舶建造公司 Navantia 与塔筒和基础专业公司 Windar 在西班牙成立合资公司（JV Navantia Windar），该公司为当时世界上最大的浮式风电场——位于英国苏格兰东北海岸的 50MW Kincardine 风电场❶，建造了 5 个由 Principle Power 设计的 WindFloat 半潜式平台，该风场在 2021 年投入运营。

Kincardine 海上风力发电有限公司（KOWL）的大部分股权归西班牙建筑公司 Cobra Wind International 所有。该公司的项目开发人员表示，他们将在平台上安装 5 台 9.5MW MHI Vestas（三菱重工—维斯塔斯）风力发电机。MHI Vestas 也证实，这些风力发电机将包括一份为期 10 年的服务和维护协议。"我们非常自豪地宣布，全球最大的海上浮式风电场将采用 V164-9.5MW 风力发电机。"MHI Vestas 首席执行官 Phillipe Kavafyan 解释道，"在苏格兰的 Kincardine 使用我们的技术和经验，提高了我们在海上浮式风电领域的领先地位，证实了我们对未来海上浮式风电场商业规模化的长期承诺。"

2019 年 5 月，Windar 开始在位于西班牙北部的阿维莱斯（Avilés）场地进行基础的建造。基础的组装工作在西班牙菲内（Fene）的 Navantia 码头进行，浮式风机机组也将在那里进行施工。

Navantia 预计建造过程大约需要 125 万工时，使用约 15000t 钢材。Navantia Windar 合资公司已经在 Equinor 的 Hywind 项目（位于苏格兰）安装了 5 个 Spar 浮筒浮式机组，在 Windplus 的 Windfloat Atlantic 项目（位于葡萄牙海岸）安装了一台半潜式风机。

2018 年 10 月，一台 2MW Vestas 风机完成现场调试，标志着 Kincardine 浮式风机项目实现了首次发电。

通常，半潜式基础在造船厂的干船坞内进行组装，将预组装部件吊装到干船坞中并进行焊接（图 5.3.11）。

半潜式基础建造完工后，将干船坞压载沉入水中，直到平台漂浮起来（图 5.3.12）。

基础漂浮起来后，打开干船坞门，使用拖轮将平台拖出船坞，牵引到另一个码头，完

---

❶ Hywind Tampen 浮式风电场投运之前，英国 Kincardine 风电场是世界上最大的浮式风电场。Kincardine 海上浮式风电场总装机容量为 50MW，由 1 台 Vestas V80-2.0MW 和 5 台 Vestas V164-9.5MW 浮式风机组成。——译者注

成风力发电机的安装（图 5.3.13）。

平台在码头靠泊后，通过岸基起重机或浮吊进行风力发电机的安装。风力发电机在陆上完成组装，可以减少海上作业的时间和风险。组装时，首先将塔筒吊装到位，然后安装发电机舱和轮毂，最后安装叶片（图 5.3.14 和图 5.3.15）。

图 5.3.11　干船坞内建造完成的结构（来源：IDEOL）

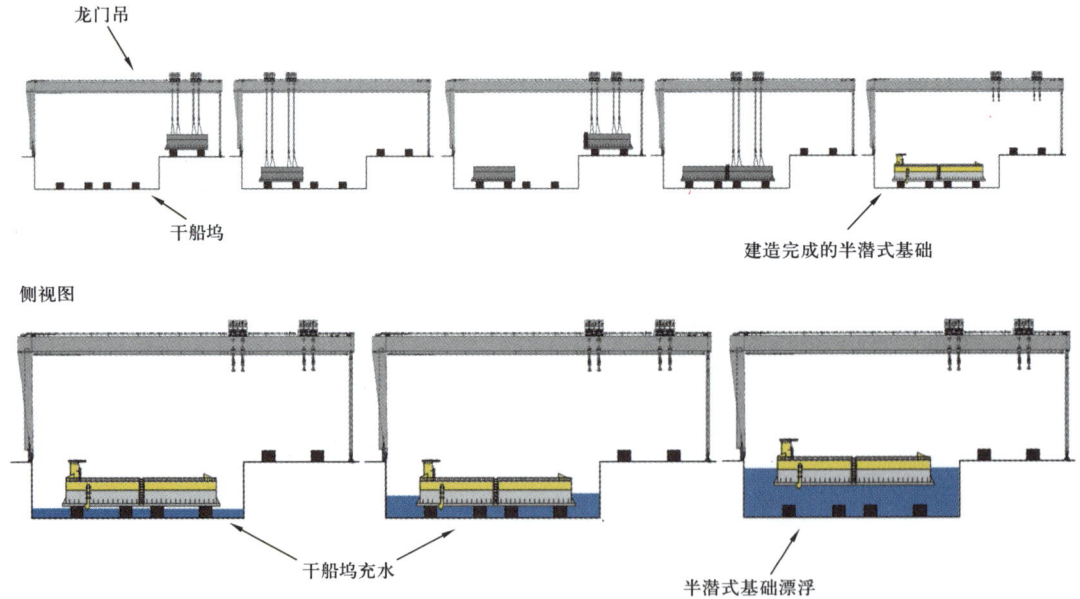

图 5.3.12　干船坞压载过程

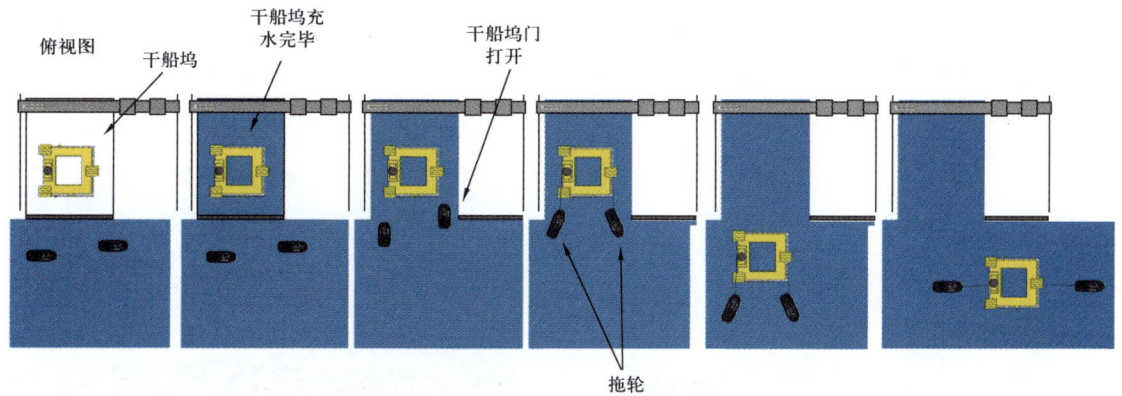

图 5.3.13　干船坞充水沉入水中，进行拖航

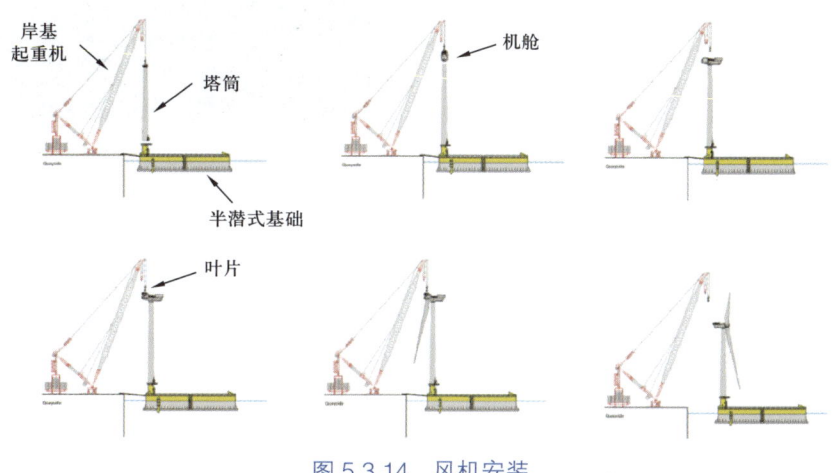

图 5.3.14　风机安装

图 5.3.15　半潜平台上的风机安装（来源：Principle Power，2019）

所有叶片安装完成后，包括风机在内的整个基础就完成了全部组装，即可进行拖航作业。拖轮将半潜式浮式风机湿拖至现场后，将其固定在锚固基础上。结构锚泊固定后，拖轮离开；之后安装海底电缆；最后，进行系统的整体调试（图5.3.16和图5.3.17）。

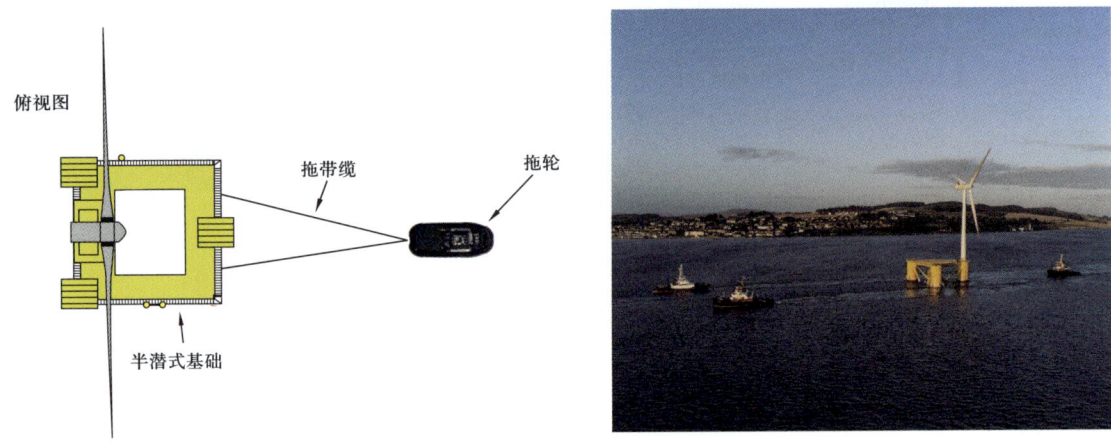

图 5.3.16　Kincardine 项目拖航至现场（来源：Cobra 集团）

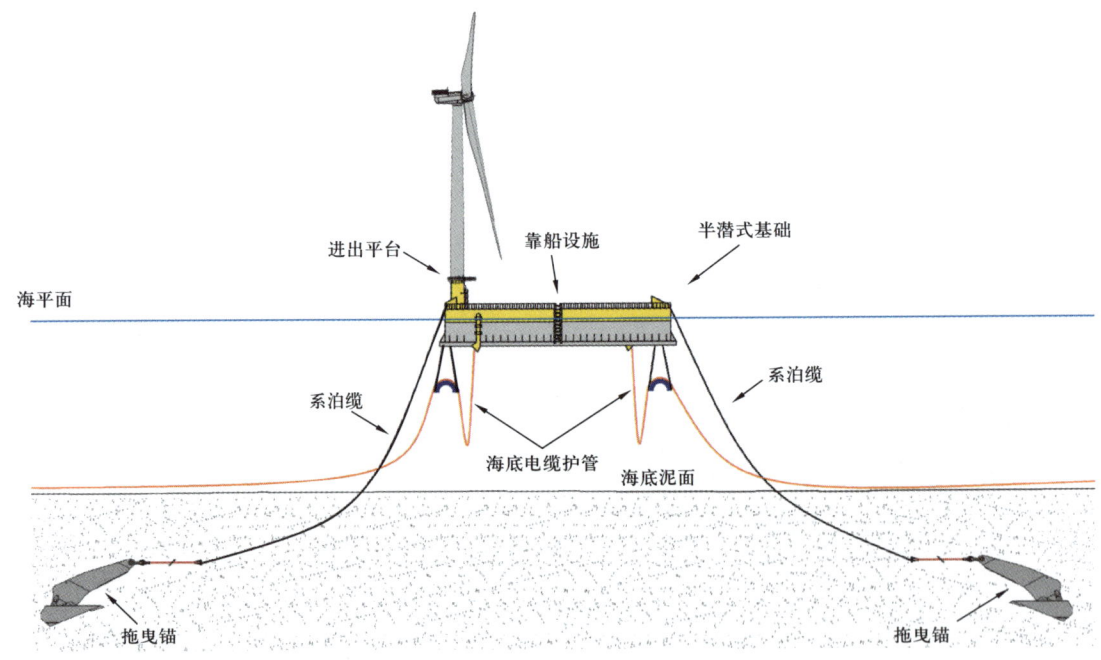

图 5.3.17　完成安装后的半潜式基础风机平台

5.3.3　张力腿式基础

张力腿（TLP）平台是一种由系泊系统固定就位的浮式平台，与传统的固定式平台类似。两者不同之处在于，张力腿平台所受浮力大于自身的重力，通过使用提供张力的张紧装置平衡剩余浮力，使平台保持在一定位置。

张力腿平台的系泊系统由一组张力腿或钢筋束组成，将平台与海底基盘或基础相连，基盘通过锚桩固定在海床上。这种方法使平台只能沿水平方向运动，限制了垂直方向的运动。一般采用基盘将张力腿平台固定在海床上，通过液压锤将混凝土锚桩或钢质锚桩打入海床；也可以采用其他结构形式，如重力式锚固基础等。

张力腿重力式基础由半潜式平台本体和上部结构组成，风力发电机安装在上部结构上。平台通过张力腿连接到重力锚上，保持稳定并固定就位。重力锚和平台本体是中空分隔的浇注混凝土结构，这种构造使得两者可以设置压载水舱，便于调整结构浮力（图 5.3.18）。

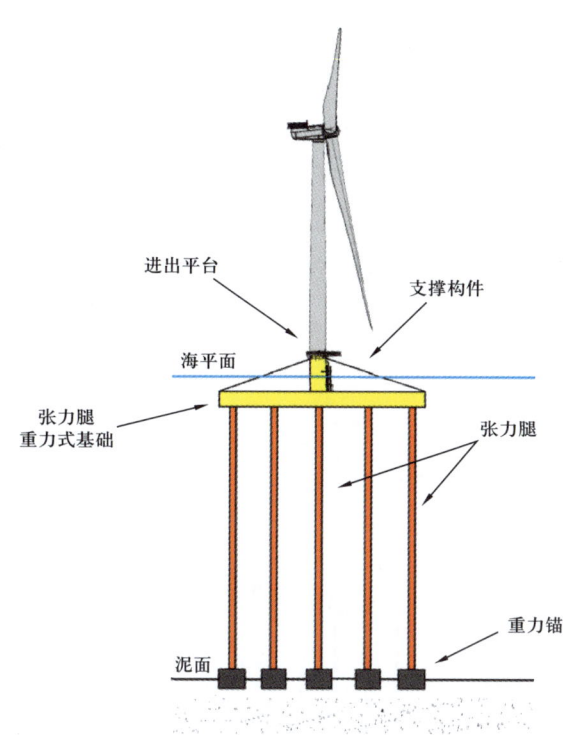

图 5.3.18 张力腿平台示意图

人们越来越关注深水风能开发，可能会提出越来越多的深水平台和基础设计的新理念、新方案。

与半潜式平台基础一样，张力腿平台整体也是在传统的浮式或定制干船坞中建造和组装，以减少海上作业的时间和风险，然后浮拖到作业现场进行安装。

首先，将完全组装好的风力发电机和平台湿拖到现场。平台和重力锚可以部分充水，提高系统的稳定性。

到达安装现场后，对锚体进行充分压载，拉伸钢丝绳，直到锚体在海床就位。然后，通过绞盘牵拉钢丝绳，将平台缓慢浸没于水中。为了减小绞盘的尺寸，平台可以部分充水。一旦平台到达操作深度，就可以固定钢丝绳并移除压载物，最大限度地提高浮力和安装的稳定性（图 5.3.19）。

与其他备选的深水系泊系统相比，张力腿平台结构形式具有一定的优势，包括：

（1）张力腿平台可以在陆上完全组装并自行部署，因此不需要使用海上浮吊，将因天气影响而造成工期延误的可能性降至最低，从而降低相关成本；

（2）只要海床相对平坦，张力腿平台对海床条件不敏感；

（3）张力腿平台的模具可以重复使用，在干船坞中形成一套浇注混凝土结构的生产线；

（4）张力腿系统为整个浮体结构提供稳性，不会因为海床条件不同而产生额外的安装锚固基础的费用和风险；

（5）张力腿平台本体在水面以下，受波浪作用小，具有良好的稳定性；

（6）张力腿平台可以被带到地面进行维修、重新定位或拆除。

结构锚泊固定后，拖轮离开，然后安装海底电缆，最后进行调试。

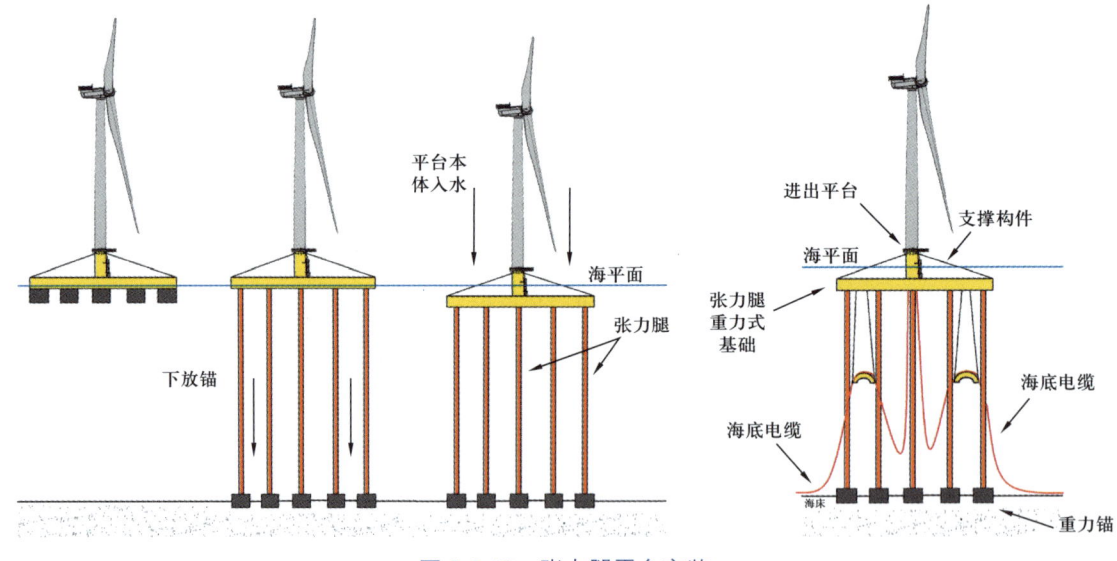

图 5.3.19　张力腿平台安装

6 海上风电场经济性分析

6.1 海上风电场经济性分析

海上风电具有清洁免费、资源丰富的特点，是传统化石燃料的主要替代方案，已成为可再生能源的关键来源。海上风电场经济性受多种因素的影响，包括开发、建设和运营等各项成本以及与之相关的风险。因此，了解海上风电场的组成部分、可用的融资渠道和潜在的投资回报至关重要。本章将对海上风电场经济性进行阐述，主要包括项目的组成部分、成本和相关风险。

6.1.1 海上风电场的基本经济指标

海上风电场是一种在海洋或湖泊等水域中安装风力发电机的可再生能源项目。海上风电场的建设和运营有多种方式，很大程度上取决于具体场址的条件。在过去十年里，风电行业的技术创新一直处于加速发展的状态，然而，可以合理地判断哪些技术将在2025年之前得到应用。目前，虽然制造商正在进行15MW以上容量的风机规划设计，但将其推广应用的影响因素较多，商业化进程不可控，且现存的一个重要的不确定因素就是风机尺寸。

海上风电场的经济指标概述如下：

（1）开发成本：开发海上风电场需要巨大的投资，包括现场勘测、选址、设计、施工、办理许可证以及融资。根据具体项目的规模，这些成本从数千万美元到数十亿美元不等。

（2）资本性支出（Capital Expenditure，CAPEX）：海上风电场建设会涉及大额的资本性支出，包括风力发电机、海底电缆和海上升压站的建造和安装。资本性支出与项目的离岸距离、水深和风力发电机尺寸等因素有关。

（3）运营支出（Operating Expenditure，OPEX）：海上风电场的运营维护需要大额的支出，包括风机和电缆的监控、维修、更换、船舶操作和人员成本。这些支出会因风电场的规模、设备使用年限和环境条件等因素而有所不同。

（4）退役支出（Decommissioning Expenditure，DecEx）：有时在项目启动阶段就需要考虑风电场服役结束时的拆除成本。

（5）收入：通过销售风力发电机产生的电力，将为海上风电场带来一定的收益。电价可能因市场而异，但海上风电场运营商通常与公用事业单位或其他电力购买商签订长期购电协议（Power Purchase Agreement，PPA），从而确保获得稳定的经济效益。

（6）融资：海上风电场建设资金可以通过多种渠道进行融资，包括直接的项目融资、股权投资以及政府提供的税收抵免和补贴等激励措施。融资成本取决于项目风险的认知程度、利率和资金的供应情况。

（7）投资回报率（Return on Investment，ROI）：海上风电场的投资回报率会因项目规模、位置和其他因素而异。一般情况下，投资回报率的计算方法为风电场在其寿命周期内产生的总收入减去项目开发、建设和运营的总成本。

总体而言，海上风电场的经济性需要考虑巨额的前期投资、持续的运营成本以及电力销售所产生的收入。海上风电场的投资回报率可能因多种因素而异，但随着可再生能源需求的不断增长，海上风电项目的经济可行性也会增加。

6.1.2 合同类型

海上风电场项目通常会使用几种不同类型的合同，这些合同规定了各项目参与方之间的关系和责任。以下是海上风电场项目中最常见的一些合同类型：

（1）设计、采办和施工（Engineering，Procurement and Construction，EPC）合同：该合同用于风电场项目的设计、采办和施工服务，EPC承包商负责风电场的设计、采办、安装和调试。

（2）运营维护（Operation and Maintenance，O&M）合同：该合同用于风电场在寿命周期内运营和维护服务采购，运营维护承包商负责风力发电机和其他部件的日常维护、维修和更换。

（3）供应链合同：该合同用于采购风电场建设和运营所需的各种部件和设备，例如风力发电机、风机基础、海底电缆和电气设备；这些合同可以包括采购协议、租赁协议和服务协议。

（4）电网连接系统合同：该合同用于采购将风电场连接到陆上电网所需的服务，电网连接系统承包商负责将风电场连接到电网所需的海底电缆和陆上电气基础设施的设计、安装和调试。

（5）海上升压站合同：该合同用于采购海上升压站的设计、采办、安装和调试；海上升压站是风电场电气基础设施的关键组成部分，负责收集风力发电机产生的电力并将其输送至陆上电网。

（6）海事保险检验（Marine Warranty Surveyor，MWS）合同：该合同用于采购第三方海事保险检验师服务，向项目利益相关方提供保证，确保项目的建设符合相关的规范、标准和规格书的要求。

（7）环境影响评估（Environmental Impact Assessment，EIA）合同：该合同用于采购进行风电场项目环境影响评估所需的服务。环境影响评估承包商负责评估项目对环境的潜在影响，制定缓解措施最大限度减轻这些影响。

上述每一项合同在海上风电场项目的开发和运营中都发挥着重要作用。海上风电开发商需要对合同进行精细管理，确保项目按时、按预算交付，并符合相关规范、标准和法规要求。

6.1.3　合同架构

研究表明，海上风电项目合同缺乏标准化，开发商和承包商在各种合同类型中，一般会使用自己的通用条款和条件。这些条款通常基于广泛认可的合同框架，例如 FIDIC，LOGIC，NEC 和 BIMCO，而不是使用海上风电项目专用合同。

海上风电项目存在特定的风险与挑战，若直接使用这些通用合同可能会产生问题。然而，行业内正在努力制定标准化的合同框架，以更好地解决这些项目特有的复杂问题。

虽然缺乏标准化可能会产生一些不确定性，但也突显出对合同条款谨慎审查和谈判的必要性。同时提醒开发商和承包商仔细审查、确认合同条款，确保所有各方都明确自己的义务并适当分配风险。由此，海上风电场开发商和承包商可以更好地管理他们的合同关系，避免发生可能威胁项目成功的合同纠纷。以下将对这些合同框架进行详细介绍。

6.1.3.1　FIDIC

国际咨询工程师联合会（International Federation of Consulting Engineers，FIDIC）是各国咨询工程师协会的全球代表机构，FIDIC 已经制定了国际标准合同格式，用于国家和国际建设项目。这些合同最初为陆上项目设定，目前越来越多地应用于海上风电项目。然而，这种做法存在一些问题，因为海上作业涉及很多不同的风险因素，需要在合同中区别考虑。

FIDIC 工厂和设计建造合同，也称为 FIDIC 黄皮书，是最常用于海上风电项目的合同形式。为了使其更适用于海上作业，需要进行补充改进。典型的修正包括规范了恶劣天气作业风险条款、海事保险检验师相关条款、延期使用海洋船舶条款以及互撞免赔条款。

6.1.3.2 LOGIC

领先油气行业竞争力（Leading Oil and Gas Industry Competitiveness，LOGIC）合同是英国海上石油和天然气行业中的一种标准合同形式。该合同旨在用于采购海上石油天然气设施建造、安装相关的设施和技术服务，包括起重设备和吊装操作等。

LOGIC合同在海洋工程领域已经得到广泛认可，海上风电场开发商和承包商一般也会以其为基础签订自己的合同。然而，该合同主要针对石油和天然气行业，可能无法完全充分考虑海上风电项目特有的风险与挑战。因此，需要对其进行修改完善以适应海上风电项目的特定要求。

6.1.3.3 NEC

英国土木工程师学会编制的 NEC（New Engineering Contract）合同广泛用于建筑行业，因现代化和灵活性而受到青睐，非常适合海上风电场建设阶段的多方协作及其自身的复杂性。这种合同强调各项目参与方之间的相互信任与合作，合同中包含了清晰而全面的风险管理程序，有助于解决争议、减少延误。合同中还包括提前警告的条款，使各方能够在出现风险之前就采取纠正措施。

NEC合同还非常注重项目管理，对项目计划、进度报告和各参与方间的沟通有详细要求，这有助于确保项目能够在预算范围内按时交付，满足项目质量要求。

6.1.3.4 JOINT

联合海上风电项目协议（Joint Offshore Wind Industry Project Agreement，JOINT）是由丹麦风能工业协会、英国可再生能源协会和德国风能协会（BWE）联合制定的标准合同形式。该合同旨在通过标准化合同条款和条件，简化海上风电项目的采购流程。

6.1.3.5 BIMCO

波罗的海和国际海事理事会（Baltic and International Maritime Council，BIMCO）为航运业制定了一系列标准合同，包括海上风电合同，如"供应时间"和"风能时间"合同。这些合同广泛用于海上风电行业，用于租赁船舶和其他海上资产。

6.1.3.6 ADEPT

卓越项目与运输物流发展联盟（Alliance for the Development of Excellence in Project and Transport Logistics，ADEPT）制定了运输和物流行业的标准合同，包括海上风电项目。ADEPT合同旨在确保项目的运输和物流方面能够得到良好的管理和协调。

以上这些标准合同形式为海上风电行业合同的制定提供了有利基础。然而，每个海上风电项目都有所不同，因此，必须根据项目和相关各方的具体要求定制合同。

6.1.4 采购框架

海上风电场的采购框架会因项目规模、位置及复杂程度而有所差异，以下是一些常见的项目采购结构和示例。

6.1.4.1 多合同

多合同一般由9个主要合同组成，涵盖了海上风电场的关键要素，其中供应和安装包通常由不同公司承包。根据开发商的需求和供应链能力，可以将各项关键要素加以拆分或组合以供服务商或供应商选择（图6.1.1）。

经验丰富的开发商一般采用这种合同形式，如 Ørsted，E.ON，ScottishPower，Vattenfall，Equinor 和 RWE Renewables，尤其适用于项目融资。多合同方法可以将开发成本降到最低，同时，开发商可以更好地掌握和控制其资产情况并进行优化。然而，这种方法需要更大规模的内部技术和管理团队，并可能增加开发商的财务风险。

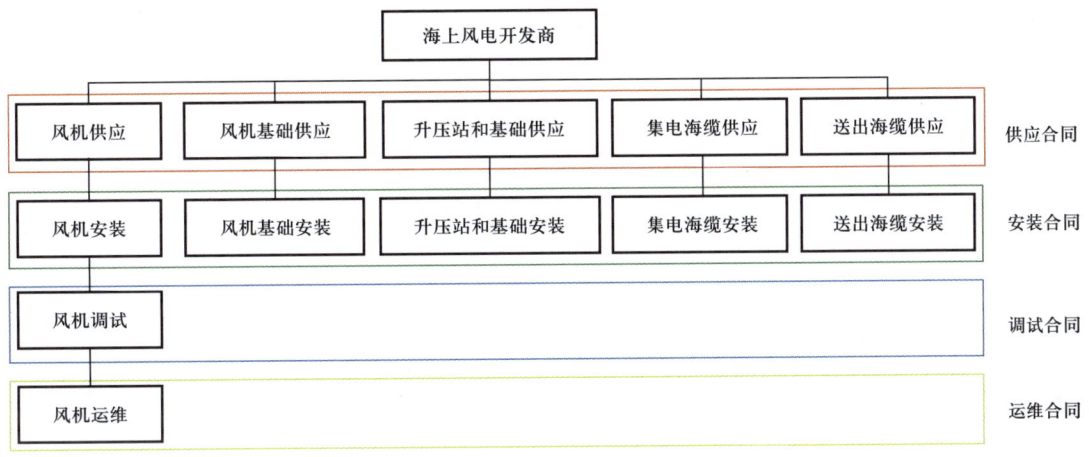

图 6.1.1　多合同架构示例

6.1.4.2 传统的总承包工程

EPCI 总承包工程，包括设计（Engineering）、采办（Procurement）、施工（Construction）和安装（Installation）。在这种合同类型下（通常由几个大合同组成），开发商要求由主承包商提供大部分工作。EPCI 合同通常会涉及风机、基础和升压站三个主要的工作包（图6.1.2）。由于合同规模较大，只有经验丰富的大型承包商才有足够的能力主导项目。

EPCI 合同可以实现更为广泛的融资解决方案，由于承担了项目中的大部分风险和责任，项目成本较高。英国 Hornsea 1 风电场就是这种合同结构的一个典型案例，Ørsted 公司与 Siemens Gamesa 和 J. Murphy & Sons 公司成立了合资企业共同完成这个项目。

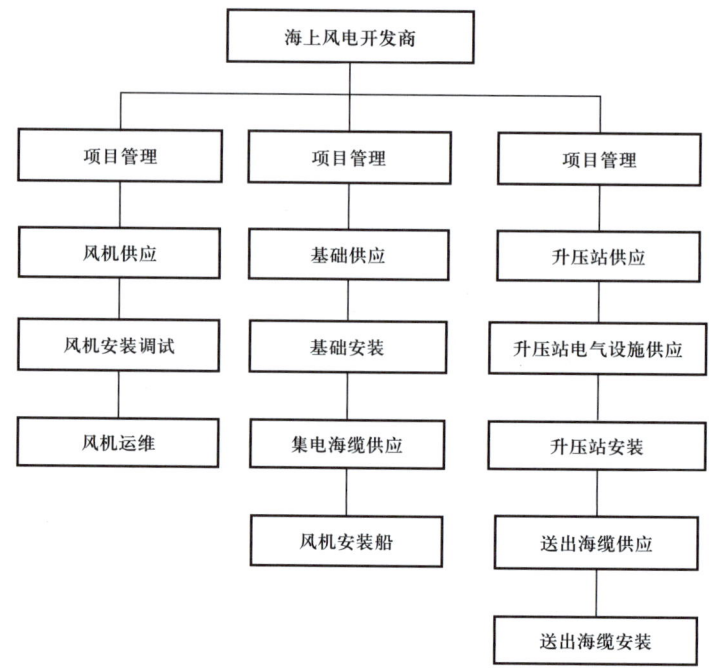

图 6.1.2 总承包工程架构示例

EPCI 总承包合同可以进一步分解为运输和安装（Transportation and Installation，T&I）合同，这些合同仅用于将风电机组各部件从码头运送到海上指定位置，进行后续的安装工作。运输和安装合同可以由开发商或 EPCI 总承包商签订。

6.1.4.3 风机供应和安装合同

这种合同结构涉及开发商分别与风机供应商和安装承包商签订合同，以更好地控制项目风险和交付进度。美国的 Vineyard 风电场项目就采用了这样的合同结构，其中 GE 可再生能源公司提供风力发电机，三菱重工—维斯塔斯海上风电公司负责安装。

6.1.4.4 电站配套设施合同

在这种合同结构中，开发商委托承包商完成除风机以外的所有其他服务内容，包括风机基础、海底电缆和电气基础设施；开发商负责协调风机供应商和电站配套设施承包商。这种合同的典型案例是英国的 Dogger Bank 风电场，Equinor 公司委托 SSE 可再生能源公司和 Balfour Beatty 组成的合资企业负责完成电站配套设施工程。

6.1.4.5 项目联合体

该结构中，开发商和承包商共同组建联合体或合作伙伴关系，通过协作完成项目交付。各方共同承担项目风险和回报，共同做出决策。例如，英国 Beatrice 风电场建设中，SSE 可再生能源公司、哥本哈根基础设施合作伙伴和 Red Rock Power 共同组建了项目联合体，成功进行了项目交付。

以上只是用于海上风电项目不同采购方式的几个案例。实际工程中，采购框架的选择将取决于项目的具体要求和各参与方的偏好。

6.1.5 经济风险

建设海上风电场会涉及巨大的资本投资，带来各种财务风险，其中最重要的风险包括以下几项：

（1）施工风险：风险的产生主要源于施工延误、成本超支或质量问题，任何问题都可能造成项目发生重大损失或延误，还可能会影响项目融资安排。

（2）技术风险：海上风电场的建设需要使用新技术或正在快速发展的技术，存在技术过时或技术失败的风险。任何技术问题的出现都可能产生高昂的维修费用或延误项目工期，从而影响项目的经济效益。

（3）运营维护风险：海上风电场一旦投入运营，就需要进行持续维护以确保其有效、正常发电。任何技术问题、恶劣天气或其他影响风电场性能的因素都可能导致风机停运、电量降低和运营成本增加。

（4）收入风险：海上风电场的收入主要取决于风能的可用性和市场上的电价，这些因素的任何变化都会影响风电场的收入流，进而影响项目的经济效益。

（5）监管风险：监管政策的调整可能对海上风电场的财务表现产生重大影响。决定电价、补贴或许可要求的法规如果发生变化，将对风电场的收入流产生重大影响。

为了更好地管理这些财务风险，需要进行精细规划与分析，制定减缓风险的策略，包括与能源销售公司签订长期采购合同、将应急资金纳入项目预算、详细监测风电场的技术性能，以便能够及时解决可能出现的问题。此外，必须与贷款方、投资者和其他利益相关者保持良好的关系，确保融资可用，尽量减少可能出现的风险因素的影响。

6.2 海上风电场建设成本分析

以下将基于"采用固定式风机基础开发模式建设 1GW 海上风电场"进行项目成本的估算。1GW 海上风电场建设项目的成本会因一系列因素而变化，如风电场的位置、水深、工程地质条件、离岸距离及风机类型。一般来说，可以将成本分为两类：资本性支出成本和运营支出成本。

资本性支出成本涵盖了与风电场建设、安装和调试相关的成本，包括风电机组、风机基础、升压站、电缆以及其他配套基础设施。根据国际可再生能源机构（International

Renewable Energy Agency，IRENA）2020年关于可再生能源发电成本的报告，考虑海上风电项目复杂且施工具有挑战性，海上风电场成本为每兆瓦200万美元到350万美元或更高。

运营支出成本涵盖风电场的持续运营和维护相关的成本，包括日常维护、部件维修以及部件达到使用寿命时的更换等费用。海上风电场的运营支出可能会因风电场的规模、位置、风机类型及所需的维护类型等因素而有所不同，通常每年的运营支出可大致估算为资本性支出的2%~3%（图6.2.1）。

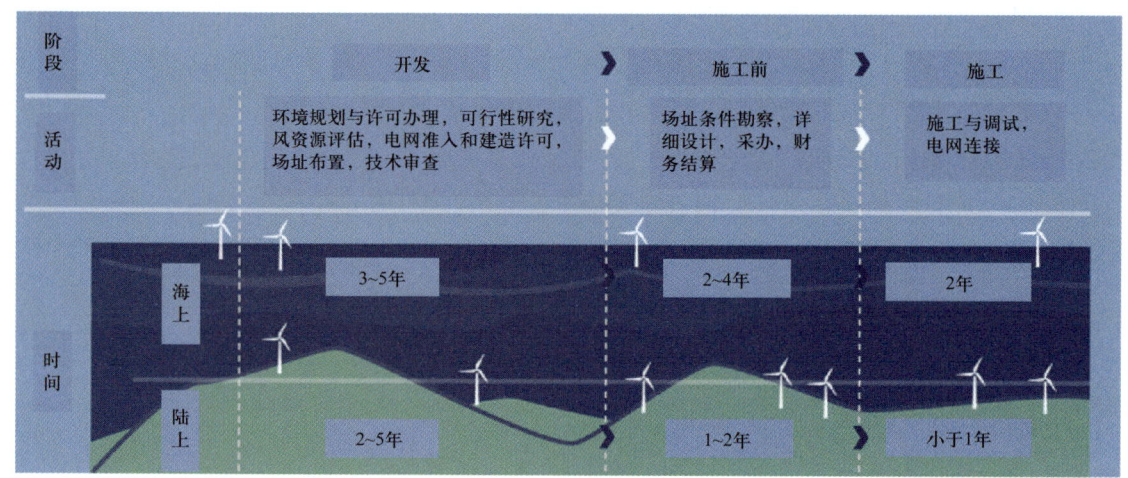

图6.2.1 经济性总结

根据以上信息，建设一个1GW海上风电场的总成本为：资本性支出成本约为20亿美元到35亿美元不等，运营支出成本每年约为6000万美元到1.05亿美元。另外，海上风电场开发的市场监管政策、许可办理、融资成本、与平衡供需相关的成本以及任何与电网连接相关的成本等其他因素，都会对项目成本造成影响。

虽然海上风电场建设的初始成本很高，但随着风电场持续地创造收入，前期的建设和开发成本将逐渐被抵消。风电场的收入取决于风电场的容量系数、电价及政府的有利激励措施或补贴等因素。总体而言，海上风电场项目的成本和潜在收入取决于每个项目的特定因素。

以下各节将详细介绍1GW海上风电场项目的成本，考虑安装100台10MW风机，使用固定式风机基础形式，水深为30m。

6.2.1 成本说明

以下将对海上风电项目成本进行详细分析。需要注意的是，所提供的成本数字已经过四舍五入，可能会有所变动，所以项目总成本可能与各分项成本的总和不完全一致。另外，对于成本的测算或估计未考虑具体项目的复杂性、施工挑战、项目延期等其他不可预见的费用。如上所述，总成本会因具体项目而异，所提供的数字也仅作为参考。各项成本均以美元为单位。

6.2.2 开发和项目管理

海上风电场的开发和项目管理涵盖了从获得项目订单到项目结算期间的所有活动，其中包含了获得规划许可所需的活动，例如环境影响评估以及工程设计等工作。

对于1GW海上风电场，每兆瓦的相关成本约为16万美元，包括开发和审批许可服务、环境调查、资源和海洋气象评估、工程地质与岩土工程勘察、工程设计与咨询，以及未能实现的项目所产生的开发支出。具体包括：

（1）开发和审批许可服务；
（2）环境调查；
（3）资源和海洋气象评估；
（4）工程地质与水文调查；
（5）工程设计与咨询。

6.2.2.1 开发和审批许可服务

开发和审批许可包括确保获得审批、管理开发过程直至财务结算等所需的所有工作。

对于1GW海上风电场开发，与此相关的成本约为每兆瓦7万美元，其中包括开发商人员成本、环境影响评估和其他分包商工作。

此部分工作包括环境影响评估，即评估拟建风电场在施工、运营和退役期间对物理、生态和人类环境的潜在影响。对于1GW海上风电场，与此相关的成本约为每兆瓦1.1万美元。

6.2.2.2 环境调查

为了明确风电场对环境的影响，需要对风电场区域及其影响范围内的环境进行全面调查，确定环境影响评估基准，采用环境影响模型进行分析评估。

对于1GW海上风电场，与此相关的成本约为每兆瓦0.6万美元。

环境调查内容包括：底栖环境调查；鱼类和贝类调查；鸟类环境调查；海洋哺乳动物环境调查；陆上环境调查；人类影响研究。

（1）底栖环境调查。

对生活在海床上和沉积物中的物种进行调查。调查数据和分析可用于定义海床上具有相似环境条件的区域，为环境和物种影响研究提供基础数据。

对于 1GW 海上风电场，与此相关的成本约为每兆瓦 500 美元。

（2）鱼类和贝类调查。

通过鱼类和贝类调查，确定拟建风电场区域及周边海域存在的鱼类、贝类物种。相关数据和结果可用于环境影响评估和报告。

对于 1GW 海上风电场，与此相关的成本约为每兆瓦 500 美元。

（3）鸟类环境调查。

通过鸟类调查，明确拟建海上风电场及周边区域鸟的种类和习性。调查数据和结果可用于确定海上风电场的建设可能对鸟类生存带来的风险。

对于 1GW 海上风电场，与此相关的成本约为每兆瓦 1500 美元。

（4）海洋哺乳动物环境调查。

海洋哺乳动物调查旨在确定拟建海上风电场及周边区域齿鲸类动物（包括鼠海豚、海豚和鲸鱼）和海豹的种类、数量、分布及习性。每个月调查 1 次，至少持续调查 2 年，确定这些因素在不同季节和年份之间的变化规律。调查数据和结果可用于确定海上风电场的建设对海洋哺乳动物的潜在影响。

对于 1GW 海上风电场，与此相关的成本约为每兆瓦 1500 美元。

海洋哺乳动物环境调查内容包括：海洋鸟类和哺乳动物调查船和飞行器；物种识别与统计；环境影响模型和报告。

① 海洋鸟类和哺乳动物调查船 / 飞行器。

海洋鸟类和哺乳动物调查船及飞行器为该项调查提供了有利的平台和工具。

② 陆上环境调查。

确定敷设电缆和陆上变电站的建设对陆上环境可能造成的潜在生态影响。

对于 1GW 海上风电场，与此相关的成本约为每兆瓦 800 美元。

③ 人类影响研究。

评估拟建海上风电场对风电场区域及周边居民的不利影响。

对于 1GW 海上风电场，与此相关的成本约为每兆瓦 500 美元。

6.2.2.3　资源和海洋气象评估

资源和海洋气象评估可提供大气和海洋数据系统，为指导海上风电场的工程设计、评估潜在的能源储量、充分分析风电场拟建位置的运行条件提供数据支撑。

对于 1GW 海上风电场，若不安装测风塔，与此相关的成本约为每兆瓦 5000 美元。

例如，总成本可由以下部分组成：漂浮式激光雷达、安装在现有平台上的激光雷达、测风塔、海洋气象浮标和波雷达。

对于某一特定项目，可结合使用或单独使用上述成本的构成方式。如果采用不同的成本测算方法，测算得到的总成本也会有所差异。

此部分工作内容包括：结构；传感器；维护。

（1）结构。

结构可支撑气象和海洋环境监测相关的设备、传感器及辅助系统，包括人员安全通道。

对于 1GW 海上风电场，与此相关的成本约为每兆瓦 4000 美元。

（2）传感器。

传感器可测量指定地点的气象和海洋环境条件的数据，数据记录仪具备数据存储、处理和远程通信功能。

对于 1GW 海上风电场，与此相关的成本约为每兆瓦 700 美元（含维护费用）。

示例如下：垂直剖面测风激光雷达；1 级声波风速仪和杯式风速仪；其他海洋气象传感器。

6.2.2.4　工程地质和水文测量

对拟建海上风电场场址和送出海缆路由区域的海底环境进行勘察分析，评估工程地质条件和工程特征，为设计及开发阶段的各项工程和环境研究提供支持。

对于 1GW 海上风电场，与此相关的成本约为每兆瓦 6000 美元。

此部分工作内容包括：地球物理调查；岩土工程勘察；水文测量。

（1）地球物理调查。

地球物理调查可以确定海底水深、地形、地貌及地层特征，同时还可以识别潜在的工程地质灾害和未爆炸物等人为遗留风险。

对于 1GW 海上风电场，与此相关的成本约为每兆瓦 1000 美元。

此部分成本包含地球物理调查船的费用。其中，需要采用专业的地球物理调查船进行海床的地球物理调查。

（2）岩土工程勘察。

在地球物理调查完成后开展岩土工程勘察，根据所得到的相关信息确定指定位置的海底地层分布情况、岩土体工程特性，进行岩土工程分析。

对于 1GW 海上风电场，与此相关的成本约为每兆瓦 3500 美元。

进行岩土工程勘察时，需要采用专业的岩土工程勘察船。

（3）水文测量。

水文测量，主要用于研究海上风电场的开发对海底局部沉积特征和近岸水动力环境

（如侵蚀现象）的影响。水文测量通常是地球物理调查的一部分，同时作为一种监测手段，可用于风电场运营阶段后期进行施工监测。

对于1GW海上风电场，与此相关的成本约为每兆瓦1000美元。

6.2.2.5 工程咨询

在项目采办、签订合同和建设施工之前，需要进行基本设计，确定风电场系统设计开发区域及其开发方式。在进行基本设计前，需要进行预基本设计，用于确定项目的整体开发方案，定义审批范围，为环境影响研究提供信息。基本设计在整个开发过程中不断完善，并最终用于制定、处理重要的工程及采购决策。

对于1GW海上风电场，与此相关的成本约为每兆瓦5000美元。

6.2.3 风力发电机

风力发电机将风能转换为三相交流电能。

对于由装机容量为10MW风机构建的1GW海上风电场，每兆瓦的成本约为100万美元，主要包括风机部件和装配成本，以及风机供应商产生的安装调试费用。这些安装调试成本主要包括总部机关的后勤和人员成本、施工港口码头费、安装船和风机的机电装配、测试，以及各部分交接前的检查费及故障排除费。

主要的工作包为：

（1）机舱；

（2）转子；

（3）塔筒。

6.2.3.1 机舱

机舱用于支撑转子，将转子的旋转能量转换为三相交流电能。

对于1GW海上风电场，与此相关的成本约为每兆瓦40万美元。

该工作包由以下子工作包组成：机舱底盘；主轴承；主轴；齿轮箱；发电机；动力输出装置；控制系统；偏航系统；偏航轴承；机舱辅助系统；机舱罩；小型工程部件；结构紧固组件；状态监测系统。

（1）机舱底盘。

机舱底盘用于支撑传动系统和其他机舱组件，将上部转子传递下来的荷载传递到塔筒上。

对于1GW海上风电场，与此相关的成本约为每兆瓦2.5万美元。

（2）主轴承。

主轴承用于支撑转子，将转子的部分负载传递到机舱底盘上。

对于1GW海上风电场，与此相关的成本约为每兆瓦2.5万美元。

（3）主轴。

主轴将转子上的扭矩传递给齿轮箱或者发电机（直驱方式）。主轴在转子端由主轴轴承支撑，另一端由齿轮箱/发电机或单独安装的轴承支撑。

对于1GW海上风电场，与此相关的成本约为每兆瓦28万美元。

（4）齿轮箱。

齿轮箱在工作时，将转子扭矩从5～15r/min转换到中速齿轮箱最高约600r/min的转速，或者高速齿轮箱最高约1500r/min的转速，以便于发电机将机械能转换为电能。

10MW风力发电机的中速齿轮箱成本约为98万美元。

（5）发电机。

发电机用于将机械能转换为电能。

该工作包成本为一个10MW风力发电机的中速发电机成本，约为1400万美元；而一个10MW风力发电机的直驱发电机成本则超过280万美元。

（6）动力输出装置。

动力输出装置接收来自发电机产生的电能，调整电压和频率，传输到风电场的配电系统。

10MW风力发电机的动力输出装置成本约为98万美元。

（7）控制系统。

控制系统提供监控控制（包括健康监测）以及有功功率和负载控制功能，优化风力发电机寿命和发电量，同时满足外部强制要求，如环境要求、法律法规要求、电网并入要求等。

10MW风力发电机的控制系统成本约为35万美元。

（8）偏航系统。

在运行期间，偏航系统将机舱方向调整到与风向一致，使叶轮始终处于迎风状态，从而充分利用风能，提高发电效率。

10MW风力发电机的偏航系统成本约为23.8万美元。

（9）偏航轴承。

偏航轴承用于连接机舱和塔筒，确保在运行期间，偏航系统能够将机舱方向调整到与风向一致。

10MW风力发电机的偏航轴承成本约为9.8万美元。

（10）机舱辅助系统。

通过一系列辅助系统，可使风力发电机在多数时间内处于无人值守运行状态，通常每年只需要进行计划性维护。

10MW 风力发电机的机舱辅助系统成本约为 9.8 万美元。

（11）机舱罩。

机舱罩为机舱各组件提供防风雨保护，并为冷却器、测风装置和避雷设备等外部组件提供支撑和进入通道。

10MW 风力发电机的机舱罩成本约为 14 万美元。

（12）小型工程组件。

机舱组件的其余部分由一系列常规的小型标准工程组件构成。

10MW 风力发电机的小型工程部件成本约为 35 万美元。

（13）结构紧固件。

紧固件（螺栓或螺柱）用于关键的螺栓连接部位，例如将转子连接到主轴，将主轴承座连接到机舱底盘，以及将偏航轴承连接到机舱底盘下方。

10MW 风力发电机的结构紧固件成本约为 9.8 万美元。

（14）状态监测系统。

状态监测系统对风机系统进行健康检查和故障预测。

6.2.3.2 转子

转子从空气中提取风能，并将其转换为传动系统中的旋转能量。

10MW 风力发电机的转子成本约为 240 万美元。

该工作包由以下子工作包组成：叶片；轮毂铸件；叶片轴承；变桨系统；毂罩；旋转器；转子辅助系统；预制钢构件；结构紧固件。

（1）叶片。

叶片获取风能，受到气流的推动后开始旋转，将扭矩等荷载传递给发电机和其他部分，带动转子转动产生机械能，发电机通过电磁感应原理将机械能转化为电能。

10MW 风力发电机的叶片成本约为 182 万美元。

该工作包由以下子工作包组成：结构复合材料；叶根；环境保护装置。

① 结构复合材料。

结构复合材料能够提供高效、坚固且相对轻便的叶片结构。

② 叶根。

叶根是连接叶片和轮毂的关键部分。

③ 环境保护装置。

防雷系统可以为叶片和风机的其余部分提供一定程度的保护，前缘保护胶带/金属或陶瓷嵌件可以保护叶片尖端免受侵蚀，涂料或凝胶涂层可以保护叶片表面免受侵蚀和紫外线损伤。

（2）轮毂铸件。

轮毂是用于连接叶片和主轴的构件。

10MW 风力发电机的轮毂成本约为 21 万美元。

（3）叶片轴承。

叶片轴承可以调整叶片俯仰角，控制风机的功率输出，最大限度地减少负载并根据需要启动或停止风机。

10MW 风力发电机的叶片轴承成本约为 28 万美元。

（4）变桨系统。

变桨系统用于调整叶片的变桨角，控制风机的功率输出，最大限度地减少负载并根据需要启动或停止风机。

10MW 风力发电机的叶片轴承成本约为 14 万美元。

该工作包由以下子工作包组成：液压变桨系统；电动变桨系统。

① 液压变桨系统。

液压变桨系统使用液压驱动器来调整叶片的桨距角。

② 电动变桨系统。

电动变桨系统使用齿轮电动机来调整叶片的桨距角。

（5）毂罩。

毂罩为轮毂组件提供保护免受环境荷载的作用，为维护人员提供进入轮毂和叶片的通道。

10MW 风力发电机的毂罩成本约为 2.8 万美元。

（6）转子辅助系统。

转子辅助系统用于润滑轴承，提供状态监测和高级控制输入。

10MW 风力发电机的转子辅助系统成本约为 5.6 万美元。

（7）预制钢构件。

通常需要预制钢构件加固叶片轴承支撑，为液压变桨系统的驱动器提供连接。还需要其他构件保护进出人员，便于进入风机进行风机维护工作，同时提供从叶片到机舱的防雷通道。

10MW 风力发电机的预制钢构件成本约为 11.2 万美元。

6.2.3.3 塔筒

塔筒通常是一种管状钢结构，主要用于支撑机舱，为进入机舱提供通道，并为电气设备、控制设备和安全设备提供存储空间。

10MW 风力发电机的塔筒成本约为 98 万美元。

此部分工作内容包括：钢材；塔筒内部结构。

（1）钢材。

钢材是制造塔筒最常用的材料。

10MW 风力发电机的塔筒钢材成本约为 84 万美元。

（2）塔筒内部结构。

塔筒内部有爬梯、电缆梯、平台以及电气柜等内部结构。这些结构为维修和服务人员提供了进出通道、照明及安全设施，同时也提供了将手动工具和组件转移到机舱的方式。塔筒内部结构还为控制电缆、开关设备、变压器和其他动力输出元件提供支撑。

塔筒内部结构为救生设备提供存储空间。在塔筒顶部（即机舱内）安装调谐质量阻尼器，通过抑制塔顶位移最大的塔筒基本振型，改变主结构共振特性以达到减振效果。

10MW 风力发电机的塔筒内部结构成本约为 9.8 万美元。

该工作包由以下子工作包组成：人员进出通道及救生设备；调谐质量阻尼器；电控系统；塔筒内部照明；涂层。

① 人员进出通道及救生设备。

人员安全进入机舱是进行维护活动的先决条件。除爬梯外，较大的风机系统还会配备电梯。海上风机通常配备救生设备，防止人员因恶劣天气影响不能按计划返回。

② 调谐质量阻尼器。

某些情况下，在塔筒顶部安装一个大阻尼器，可以减少塔筒和基础的负荷。

③ 电控系统。

所有风力发电机在塔筒底部都会设置一个控制面板，方便维修人员在不爬上风机的情况下也能够对风机进行现场控制。对于许多风机而言，塔筒底部附近的空间可用于安装动力输出装置的各种元件，包括变流器和冷却系统。

该工作包由以下子工作包组成：动力输出装置；控制系统；塔筒内部照明；涂层；空调。

其中，塔筒内部配置照明装置，方便人员安全地进出机舱和塔筒。使用专用涂层保护塔筒、紧固件、轮毂铸件和其他部件。

6.2.4 电站配套设施

电站配套设施包括除风机以外的所有其他部件，以及风电场建设相关的所有输电组件。

对于 1GW 海上风电场，与此相关的成本约为 8.4 亿美元。

此部分工作包括：

（1）电缆；

（2）风机基础；

（3）海上升压站；

（4）陆上变电站；

（5）运维基地。

6.2.4.1 电缆

电缆用于将风机产生的电能输送到电网。

对于 1GW 海上风电场，与此相关的成本约为 2.38 亿美元。

该工作包由以下子工作包组成：送出海缆；集电海缆；电缆保护。

（1）送出海缆。

送出海缆用于连接海上升压站和陆上变电站。

对于 1GW 海上风电场，与此相关的成本约为每兆瓦 1.82 亿美元。

该工作包由以下子工作包组成：电缆芯；电缆护层；电缆附件；电缆连接和测试。

① 电缆芯利用自身导电特性进行输电。

② 电缆芯外部的电缆护层用于保护电缆和存放光纤电缆。

③ 电缆附件用于在安装期间和安装后为电缆提供电气端接和机械端接。

④ 在电缆制造过程中，需要对各电缆段进行连接和测试。

（2）集电海缆。

集电海缆可以形成环路或独立连接，将所有风力发电机连接到海上升压站。

对于 1GW 海上风电场，与此相关的成本约为 4900 万美元。

（3）电缆保护。

当电缆连接到风力发电机或海上升压站电缆进出孔或电缆护管时，需要针对电缆易损位置进行保护，以免受波浪和潮汐等环境作用的影响。

对于 1GW 海上风电场，与此相关的成本约为 280 万美元。

6.2.4.2 风机基础

基础主要为风力发电机提供支撑，将上部风机荷载从塔筒连接处（通常位于水平面以上约 20m）传递到海床地基内。基础还提供电缆输送通道，为船舶人员提供进出通道。

若在 30m 水深内采用单桩基础形式开发 1GW 海上风电场，与此相关的成本约为 3.92

亿美元。若在40m水深内采用导管架基础形式开发1GW海上风电场，与此相关的成本约为4.9亿美元。

该工作包由以下子工作包组成：单桩基础；导管架基础；过渡段；腐蚀防护；防冲刷保护。

（1）单桩基础。

这种结构形式的主要功能是将单桩基础锚固在海床以下一定入泥深度，承受风力发电机的静荷载和动荷载，保证风机的稳定性。其次是能够承受波浪载荷，为电缆进入风机内部提供通道。

若在水深30m海域采用单桩基础，那么对于由装机容量为10MW风机构建的1GW海上风电场，与此相关的成本约为每兆瓦38万美元。

（2）导管架基础。

这种结构形式的主要功能是通过多根桩基将导管架基础固定在海床上，承受风力发电机传递的静荷载和动荷载，保证风机的稳定性。其次是能够承受作用在导管架基础上的波浪载荷，并为电缆进入风机内部提供通道。导管架基础没有独立的过渡段，其上部结构可实现多个过渡段的功能，详见"（3）过渡段"相关描述。

若在水深40m海域采用导管架基础结构，那么对于1GW的海上风电场，与此相关的成本约为4.34亿美元，该成本包括桩基和导管架上部结构❶。

（3）过渡段。

过渡段用于连接基础和塔筒，一般会延伸到平均海平面以上约20m。在过渡段上还可以设置其他附属结构，如用于提供人员进出通道的工作平台、电缆和防腐系统的支撑构件等。

对于采用单桩基础形式的1GW海上风电场，与此相关的过渡段成本约为1.4亿美元。

使用导管架基础时，由于其上部结构具备过渡段功能，过渡段的成本已包含在导管架基础中。

该工作包由以下子工作包组成：人员进出通道和工作平台；内部平台；Davit 吊；J型护管、I型护管或单桩进出口。

① 人员进出通道和工作平台。

通过人员进出通道和工作平台，技术服务人员可以安全到达风机平台；同时，还为装载、卸载和存放设备等活动提供了通道和场所。

② 内平台。

内平台用于支撑安装在过渡段内的设备，并为人员进行设备安装和维护提供进出通

---

❶ 导管架基础上部的插尖结构可提供过渡段的功能，调整导管架基础结构的安装偏差。——译者注

道。内平台还可以将过渡段的上部密封起来，防止海水以及从腐蚀保护系统中逸出的任何有害气体进入。

③ Davit 吊。

利用 Davit 吊可将设备从工作船吊至外工作平台上。

④ J 型护管、I 型护管或单桩进出口。

J 型护管或 I 型护管将集电海缆从基础外部引导至内部，为电缆提供保护，免于波浪等环境荷载作用。

（4）腐蚀保护。

腐蚀保护可使基础在一定程度上免于腐蚀侵害。

对于 1GW 海上风电场，若采用单桩基础，与此相关的腐蚀保护成本约为每兆瓦 2.8 万美元；若采用导管架基础，与此相关的腐蚀保护成本约为每兆瓦 4.2 万美元。

（5）防冲刷保护。

防冲刷保护可防止因水流加速绕过基础而引起周围海床产生冲刷，从而保证基础的工作性能及完整性。

对于 1GW 海上风电场，与此相关的防冲刷保护成本约为 1400 万美元。

6.2.4.3 海上升压站

为减少长距离输电损耗，海上风机产生的电能需要先汇集到海上升压站进行升压，然后再输送至陆上；有时还会将交流电转换为直流电。海上升压站还需要配备无功补偿装置，调节电气系统的无功功率，并考虑送出海缆的电容效应。通过无功补偿，达到改善电压质量、提高供电效率的目的。

对于 1GW 海上风电场，若采用高压交流输电系统，与此相关的成本约为 1.68 亿美元。

该工作包由以下子工作包组成：电气系统；设施；结构。

（1）电气系统。

电气系统将每个风力发电机的交流电功率汇集在一起，提高输送电压（例如将电压从 66kV 提高到 275kV），然后输送到陆上变电站；或者将其转换为直流电输进一步输送。

对于 1GW 海上风电场，与此相关的成本约为 6300 万美元。

该工作包由以下子工作包组成：高压交流输电系统；高压直流输电系统。

① 高压交流输电系统。

高压交流输电系统将低压交流电（例如 66kV）增压（例如 275kV）后，通过送出海缆将电能输送到陆上变电站，陆上变电站通过变压器进一步增压（例如 400kV），将电能输送到陆上输电网。

② 高压直流输电系统。

高压直流输电系统通过换流站将风力发电机产生的低压交流电（例如66kV）进行增压（例如132kV），再转换为375kV直流电后，由送出海缆将电能输送至陆上变电站。陆上变电站通过变压器进一步转换（例如275kV或400kV），将电能输送到陆上输电网。

（2）设施。

辅助系统用于支持升压站的运行和维护，有助于实施其他风电场维护工作。

对于1GW海上风电场，与此相关的成本约为2800万美元。

（3）结构。

结构主要为电力系统和其他系统提供支撑和保护。

对于1GW海上风电场，与此相关的成本约为8400万美元。

6.2.4.4 陆上变电站

陆上变电站将电力转换为电网电压（例如400kV）。若使用高压直流送出海缆时，变电站需将电力转换为三相交流电。

对于1GW海上风电场，与此相关的成本约为4200万美元，包括建筑物、通道、安全设施及电气系统。

该工作包由建筑物、通道和安全设施工作包组成。

陆上电气设备将海上风电场接入陆上输电网，而建筑物、通道和安全设施则为这些电气设备提供实际保护，确保其安全运行。

对于1GW海上风电场，与此相关的成本约为1120万美元。

6.2.4.5 运维基地

运维基地用于支持海上风电场的运行、维护和服务。

对于1GW海上风电场，与此相关的成本约为420万美元。

6.2.5 安装和调试

此部分涵盖了电站配套设施和风机系统相关的所有海上、陆上的安装调试项目。海上安装调试过程的起始点是将部件从制造场地运输到施工港口或直接运输到安装现场，结束点是将项目资产移交给运营团队。

对于1GW海上风电场，与此相关的成本约为每兆瓦81万美元，其中包括电站配套设施的安装、海上后勤服务及购买开发商保险、施工项目管理和应急费用。

此部分工作内容包括：

（1）风机基础安装；

(2)海上升压站安装；

(3)陆上变电站建设；

(4)陆上送出电缆敷设；

(5)海上电缆安装；

(6)风机安装；

(7)施工港口；

(8)海上后勤服务。

6.2.5.1 风机基础安装

风机基础安装是指将基础运输到指定位置，并固定在海床上。

对于1GW海上风电场，与此相关的成本约为1.4亿美元。

该工作包由风机基础安装船工作包组成。

风机基础安装船将基础从建造场地或施工港口运输到海上施工现场，将其固定在海床上。可以采用重型起重船、浮吊和自航自升式船舶作为风机基础安装船。

高性能重型起重船的日费约为28万美元，具体取决于市场情况和船舶类型。日费不包括特定的基础安装设备和相关费用（例如桩锤、打桩基盘）。

该工作包由以下子工作包组成：基础操作设备；基础安装设备；海上紧固件；起重机；辅助起重机；动力定位系统；推进系统；自升式系统；桩靴；直升机甲板舷梯。

(1)基础操作设备。

风机基础固定在海床之前，采用操作设备将其放置于指定位置。

起重机、翻桩架、抱桩器、打桩定位基盘和单桩封堵系统等，都属于承包商的操作设备。专用吊具通常采用租赁方式，日费约为1.4万美元。

(2)基础安装设备。

基础安装设备用于将基础固定在海床上。

如果采用租赁方式，所有安装设备和第三方服务人员的日费约为7万美元，不包括螺栓紧固工具或灌浆工具、发电机、勘察设备和水下机器人。

(3)海上紧固件。

将质量大、造价高的风机部件从施工港口运输到现场的过程中，需要使用紧固件将其固定在船舶上。此部分成本包含在安装分包合同中。

6.2.5.2 海上升压站安装

海上升压站的安装包括将升压站组块从码头建造场地运输到施工现场，将其安装在导管架基础上。对于1GW海上风电场，与此相关的成本约为4900万美元。

该工作包由升压站安装船工作包组成。

升压站安装船将海上升压站运输至指定位置，并吊装放置在已安装的导管架基础上。

与此相关的成本包含在升压站安装合同中。大多数升压站安装船的日费约为25.2万美元。

半潜式安装船的日费通常高于63万美元，但如果石油和天然气行业对半潜式安装船的需求不大，日费会更具有竞争力。陆上变电站的建设包括基础设施的施工和电气设备的安装。

对于1GW海上风电场，与此相关的成本约为3500万美元。

6.2.5.3 陆上送出电缆敷设

陆上送出电缆的敷设，完成了海上送出海缆与陆上变电站之间的连接。

对于1GW海上风电场，与此相关的成本约为700万美元，具体取决于项目离岸距离和路由的复杂程度。

6.2.5.4 海上电缆安装

安装集电海缆，将各风机接入海上升压站；安装送出海缆，将海上升压站和陆上变电站连接起来。

对于1GW海上风电场，与此相关的成本约为3.08亿美元，其中包括敷缆船、电缆埋设、电缆抽拉、电气测试和端接，以及勘察工作、路由清理和电缆保护装置等费用。

该工作包由以下子工作包组成：敷缆船；电缆埋设；电缆抽拉；电气端接和测试。

（1）敷缆船。

敷缆船在风力发电机和海上升压站之间，以及海上升压站和陆上变电站之间敷设海底电缆。

与此相关的费用包含在海底电缆安装合同中。通常，敷缆船的日费约为12.6万美元。

该工作包由以下子工作包组成：水下机器人；电缆操作设备；吊机；人员转移舷梯。

① 水下机器人。

水下机器人有多种用途，包括目视检查水下结构（如风机基础的电缆进出孔）或电缆路由，在J型护管内安装电缆以及监控水下操作（如灌水泥浆）。

与此相关的成本包含在安装合同中。

② 电缆操作设备。

电缆操作设备用于将电缆从船舶上安全地敷设到海床。

通常，电缆安装承包商会提供操作设备。在这种情况下，相关设备由安装船配备或单独租赁，用于敷设集电海缆的2.5t转盘的典型日租赁费约为6300美元。

（2）电缆埋设。

需要将电缆埋设在海床以下指定深度，避免电缆受到外力损坏（如抛锚和捕鱼作业），同时防止由于海床运移变化而出现裸露。

对于 1GW 海上风电场，与此相关的成本约为 7000 万美元。

该工作包由以下子工作包组成：电缆埋设船；电缆埋设犁；水下挖沟机器人；垂直喷射器。

① 电缆埋设船。

电缆敷设在海床后，用电缆埋设船进行埋设。

与此相关的成本通常包含在电缆埋设合同中，电缆埋设船的典型日费约为 13.3 万美元。

② 电缆埋设犁。

电缆埋设犁一般用于电缆的边敷设边埋设，也可用于预挖沟后埋设。

电缆埋设犁通常包含在电缆安装合同中；如果采用租赁方式，典型日费约为 7000 美元。

③ 水下挖沟机器人。

水下挖沟机器人可形成埋设电缆的沟槽，通常用于电缆敷设后埋设，也可以用于边挖沟边埋设。

水下挖沟机器人相关的条款通常包含在电缆安装合同内；如果采用租赁方式，典型日费约为 1.4 万美元。

④ 垂直喷射器和喷冲式埋设犁。

垂直喷射器和喷冲式埋设犁用于将电缆埋设在易液化的沉积土（如砂质和软黏土）中。垂直喷射器可用于电缆的边敷边埋施工，喷冲式埋设犁主要用于敷设后埋设。

垂直喷射器和喷冲式埋设犁的相关条款通常包含在电缆安装合同内；如果采用租赁方式，垂直喷射器的典型日费约为 1.4 万美元，喷冲式埋设犁的典型日费约为 1.12 万美元。

（3）电缆抽拉。

对于集电海缆，电缆抽拉指将海底电缆拉入至海上升压站或风机基础。对于送出海缆，电缆抽拉指将海底电缆拖拉到岸上并进入陆上变电站。

对于 1GW 海上风电场，与此相关的成本约为 1.12 亿美元。

（4）电气测试和端接。

电气测试的目的是通过测试验证电缆的完整性，而电气端接则实现了海底电缆与风力发电机、海上升压站或陆上电缆之间的电气连接。

对于 1GW 海上风电场，与此相关的成本约为 1400 万美元。

6.2.5.5 风机安装

风机安装包括将风机部件从施工港口运输到指定安装位置,与基础连接的过程。

对于 1GW 海上风电场,与此相关的成本约为 7000 万美元。

该工作包由以下子工作包组成:风机安装船;调试。

(1)风机安装船。

风机安装船将风机各部件运输到施工现场,将风机安装在基础上。采用自升式安装船进行基础的安装。

与此工作包相关的成本通常包含在风机安装合同中。船舶日费在 12.6 万~18.2 万美元之间,不包括燃料、船员和设备费用。根据运输距离,单次单程航行到风电场的燃料成本可能高达 2.8 万美元;安装船舶的成本可能达到每天 70 万美元以上。

该工作包由以下子工作包组成:风机操作设备和海上紧固件;吊机;辅助吊机;动力定位系统;推进系统;自升式系统;桩靴;直升机甲板;舷梯。

在施工港口装船和海上安装期间,风机操作设备可用于配合风机部件的吊装和操作。操作设备通常由风机供应商提供,以满足特定任务和部件安装的要求。风机的海上安装需要几种专门的操作工具,包括塔筒操作工具、机舱操作工具和叶片操作工具。

在质量较大和价值较高的部件从施工港口运输到海上安装现场的过程中,需要使用紧固件将其固定在船舶上。

与此相关的成本包含在风机安装成本中。

(2)调试。

安装完成后,需要对机械和电气装配进行全面调试,使所有系统能够正常运行,并在移交之前解决所有问题清单。

与此相关的成本包含在风机或升压站供应合同中。

6.2.5.6 施工港口

施工港口是风电机组各部件预组装和施工的基地。对于基础和风机而言,可能会使用相互独立的地点分别将其运输至海上风电场。地点的选择至关重要,因为它会影响各部件的运输时间以及对天气窗口的敏感性。

与此相关的成本包含在安装合同中。

6.2.5.7 海上后勤服务

海上后勤服务涉及对海上安装和调试等各项活动的协调和支持性工作。

对于 1GW 海上风电场,与此相关的成本约为 490 万美元。

该工作包由以下子工作包组成:海上支持;海事协调;天气预报和海洋气象数据。

(1) 海上支持。

海上风电安装过程需要多种支持性船舶，主要包括人员运输船、抛锚艇、驳船、潜水支持船和水下机器人操作船。

对于1GW海上风电场，与此相关的成本约为350万美元。

(2) 海事协调。

海上风电场施工时，现场交通形式复杂，涉及多艘船舶同时作业。因此，有效的海事协调非常必要。

对于1GW海上风电场，与此相关的成本约为120万美元。

(3) 天气预报和海洋气象数据。

规划短期的海上作业（例如船舶移位和吊装等）时，需要天气预报数据。越是接近海上作业时间，天气预报数据越准确可靠。海洋气象数据记录可为海上施工提供实时数据支持，验证预报工具的可靠性，解决天气原因造成停工的争议。其中，影响海上安装和调试工作的关键海洋气象参数包括风速、波高和海流。

对于1GW海上风电场，与此相关的成本约为42万美元。

天气预报服务商一般会提供多种预报选择，包括每天提供几次预报数据以及几个位置的预报数据。例如，可以选择对基地港口和海上施工现场等地点的预报，或选择对基地港口、海上施工现场和运输沿线的完整预报。另外，也可以购买或租赁海洋气象测量设备。

6.2.6 运行与维护服务

风电场生命周期内，需要进行运行、维护及服务（Operation Maintenance and Service, OMS），为风力发电机、电站配套设施和相关输电设施的持续正常工作提供支持。OMS活动正式开始于风电场建设工程完工之日。

在风电场运营阶段，开展运行、维护及服务活动的主要目的是确保风电场安全运营，维护风电场资产的完整性，以及优化发电量。

对于1GW海上风电场，与此相关的成本约为每年1.05亿美元，包括保险和内部资产所有者的相关成本。

此工作包括：运行；维护及服务。

6.2.6.1 运行

风电场运行涉及资产管理，例如健康与安全、资产的控制和操作（包括风力发电机和电站配套设施）、远程监控、环境监测、电力销售、行政管理、海上作业监督、船舶和码头基础设施的运营，以及后勤服务。

对于 1GW 海上风电场，与此相关的成本约为每年 3500 万美元，包括培训、陆上和海上后勤支持与管理、日常开支、健康与安全检查以及保险。

此工作包括以下内容：培训；陆上后勤服务；海上后勤服务；健康和安全检查。

（1）培训。

对运行、维护和服务人员进行培训，确保相关人员能够具备风电场工作所需要的能力，同时保障他们自身以及同事的安全。

对于 1GW 海上风电场，与此相关的成本约为 70 万美元。

（2）陆上后勤服务。

陆上后勤服务为风电场运营提供支持和相关资源，包括码头基础设施、仓储、物流和运营计划。

对于 1GW 海上风电场，与此相关的成本约为 70 万美元。

（3）海上后勤服务。

海上后勤服务涉及所有海上活动及作业的运营管理与协调。

对于 1GW 海上风电场，与此相关的成本约为 220 万美元。

该工作包由以下子工作包组成：人员运输船；运维母船；风机进入系统；直升机；天气预报和海洋气象数据；海事计划制定软件；通信设备，包括无线电通信和资产跟踪设备；安全计划和安全系统。

① 人员运输船。

人员运输船将技术人员和承包商从陆上运维服务基地运送到风机和海上升压站。对于离岸较近的海上风场，这是人员运送的首选方案。

人员运输船的日费约为 3500 美元，具体价格取决于船舶功能参数、可用性及船舶租赁期限。

该工作包由风机进入系统工作包组成。

② 运维母船。

运维母船为海上运维服务提供了作业基地，是离岸距离较远的海上风电场维护和服务的首选方式，一般运维人员会在船上工作 2~4 个星期。

运维母船日费约为 3.5 万美元，具体价格取决于船舶大小和配置（不包括燃料）。

③ 风机进入系统。

风机进入系统为人员从人员运输船或运维母船进入风机提供了通道。设计该系统的目的是为了尽可能放宽人员进入风机的海况限制条件，最大限度增加维护和服务的时间，提高风机的可达性。

与此相关的成本通常包含在船舶费用中。

④ 直升机。

直升机主要用于为技术人员和承包商人员提供进入风机和海上升压站的通道。

与此相关的成本约为每年210万美元，增加飞行时间或采用更大的直升机可能会增加这个数额。

（4）健康与安全检查。

健康与安全检查是确保风电场基础设施和风机系统持续安全运行的一项重要活动，也是履行定期检查关键安全系统的法定义务。

对于1GW海上风电场，与此相关的成本约为每年56万美元。

该工作包由健康与安全检查设备工作包组成。

健康与安全检查设备可使人员能够使用关键设备降低受伤风险，并在紧急情况下提供设备支持。

6.2.6.2 维护及服务

维护及服务活动的主要目的是确保风机和电站配套设施持续运行的完整性，包括计划内维护服务以及为了解决故障而进行的预防性或响应性的计划外维护服务。

对于1GW海上风电场，与此相关的成本约为每年7000万美元。

该工作包由以下子工作包组成：风机维护及服务；电站配套设施维护及服务。

（1）风机维护及服务。

对风机进行有效的维护及服务，可确保风机具有长期的生产能力。

对于1GW海上风电场，与此相关的成本约为每年4600万美元。

该工作包由以下子工作包组成：叶片检修；主要部件翻新、更换和维修；输电系统维护。

① 叶片检修。

叶片检修包括检查叶片的工作情况，及时、经济、高效地更换或维修叶片。

该工作包由无人机工作包组成：利用无人机进行风机外部检查是一种成本低但安全性更高的作业方式。

② 主要部件翻新、更换和维修。

主要部件翻新、更换和维修，包括及时、经济、高效地更换齿轮箱、叶片、变压器和风机等大型部件。

该工作包由以下子工作包组成：

大型部件修理船：在更换机舱和转子等大型部件时，大型部件维修船可在轮毂高度处保持这些作业所需要的稳定的吊钩高度（该工作包由以下子工作包组成：参见风机安装船)。

(2)电站配套设施维护及服务。

电站配套设施维护及服务的重点是确保风电场中除风机以外其他所有资产的运行完整性和可靠性,包括升压站、风机基础、集电海缆、送出海缆、防冲刷保护装置和腐蚀防护系统。

对于 1GW 海上风电场,与此相关的成本约为每年 2500 万美元。

该工作包由以下子工作包组成:基础检查与维修;电缆检查与维修;冲刷监测与管理;升压站维护及服务。

① 基础检查与维修。

通过基础检查和维修,可以识别并解决水上及水下结构的腐蚀和损伤问题。

该工作包由以下子工作包组成:水下机器人;自主式水下航行器。

水下机器人用于进行风电场的水下结构检查。

自主式水下航行器提供了一种水下测量的低成本方式,重点关注海底电缆及风机基础等水下设施的完整性。

② 电缆检查与维修。

电缆检查与维修的目的是识别电缆故障,进行部分或整体电缆的更换。

③ 冲刷监测与管理。

减缓由于海床运移造成海底结构破坏风险。

④ 升压站维护及服务。

对海上升压站进行维护及服务的目的,是确保不会因电气故障或平台出现结构问题而中断电力传输。

6.2.7 退役

退役指海上风电基础设施达到使用寿命时,将其拆除,或保持安全状态,并对相关设备进行处理。

1GW 海上风电场的退役成本约为 4.2 亿美元(为总数额,不包括退役设备的再销售价值)。

此部分包括以下内容:

(1)风机拆除;

(2)基础拆除;

(3)电缆拆除;

(4)升压站拆除;

（5）拆除用码头；

（6）再利用和回收处理；

（7）环境调查。

6.2.7.1 风机拆除

将风机转子、机舱和塔筒完全拆除并运送上岸。

对于 1GW 海上风电场，与此相关的成本约为 5600 万美元。

该工作包由风机安装船子工作包组成。

6.2.7.2 基础拆除

拆除基础并运送到岸上，或者在海床泥面处切割并安全处理。

对于 1GW 海上风电场，与此相关的成本约为 9800 万美元。

该工作包由基础安装船子工作包组成。

6.2.7.3 电缆拆除

拆除电缆并运送到岸上。

对于 1GW 海上风电场，与此相关的成本约为 1.96 亿美元。

该工作包由敷缆船子工作包组成。

6.2.7.4 升压站拆除

在海上风电场建设前，需要制定、提交拆除计划，该计划获批后方可施工。在拆除计划中，应明确泥面以下基础设施的拆除方式和具体要求，而这些要求反过来又可能会影响变电站基础设计和安装方法的选择。

对于 1GW 海上风电场，与此相关的成本约为 7000 万美元。

该工作包由升压站安装船子工作包组成。

6.2.7.5 拆除用码头

将需要拆除的海上风电设备卸在码头上，按顺序排列好等待后续阶段的处理。

与此相关的成本包含在各部件的拆除合同中。

该工作包由以下子工作包组成：

（1）码头；

（2）卸货区；

（3）吊机；

（4）车间；

（5）人员设施。

6.2.7.6 再利用、回收或处理

设备运送上岸后，进行再利用、回收或处理，以获取最大价值。

由于设备的再销售会产生净现值，相关成本可忽略不计。

6.3 收益

装机容量为 1GW 海上风电场的收益会因风电场位置、电力成本、融资结构和监管环境等多种因素而异。但是，可以基于一些假定条件对其收益进行估算。

首先，让我们定义一下 1GW 海上风电场的含义。千兆瓦是功率容量的量度，表示风电场在最佳条件下能够产生的最大输出。1GW 海上风电场通常由分布在大面积海域中的数百个风机组成，单机容量为 5~10MW。

海上风电场的容量系数是衡量其效率和性能的指标，是风电场在一定时间内实际发电能力与理论极限发电能力的比值，取决于风电场位置、风机大小、风机类型及风场区域天气条件等因素。风速越大、天气条件越有利，容量系数就越大；而维护停机及其他因素会导致容量系数降低。

例如，按照风机全年（8760h）满负荷发电计算，1MW 海上风机全年发电量为 8760MW·h。因此，装机容量为 1GW 风电场的理论极限发电能力为 8760000MW·h。若海上风电场的实际年发电量为 6570000MW·h，则其容量系数为：

容量系数 =（实际发电量 / 理论极限发电量）×100%=（6570000MW·h/8760000MW·h）×100%=75%。

在这种情况下，风电场的容量系数为 75%。这意味着如果风电场全年以满负荷运行，则它的实际发电能力能够达到理论极限发电能力的 75%。

风电场及所在国家不同，购电协议（PPAs）相应有所不同。假设平均电价为每兆瓦时 50 美元，1GW 海上风电场每年可发电 6570000MW·h，风电场容量系数为 75%，那么，该风电场的年收益约为 3.285 亿美元，具体计算方式如下：

年收益 = 年实际发电量 × 电能单价 =6570000MW·h×50 美元 /MW·h=3.285 亿美元。

需要注意的是，海上风电场的实际收益会因场址位置、风场规模、风机类型及市场电价等因素而有所变化。另外，风电场还可能需要支付各种费用、税费和其他收费，进而对风电场的盈利能力造成影响。

结束语

　　海上风电行业关键技术的探索之旅已接近尾声，希望本书能使您对这个充满挑战的领域有全面的理解，领略它独特的技术魅力，感受它实现可持续发展未来的潜力。也希望您对海上风电场建设所需要的海上施工作业和运营管理有更为清晰的了解。

　　在本书的六章中，首先介绍了海上风电行业的概况，包括已建风场、施工船舶、风险管理、作业人员和后勤服务。然后，深入探讨了相关技术，包括固定式基础、集电海缆及送出海缆、海上升压站、风力发电机、调试投产、漂浮式基础和海上风电场经济性分析。希望这些内容不仅拓展了您的知识面，还能激发您对海上风能巨大潜力的好奇心和热情。

　　我们要向无私分享宝贵的专业知识、经验和见解的行业专家表示感谢。他们不仅使这本书的出版成为可能，还以丰富的知识为它增色添彩，这无疑会给读者带来启发和力量。

　　我们还要向您——亲爱的读者表示感谢，因为您与我们一同踏上了这个旅程。您的求知欲和对海上风电行业的理解至关重要，可有效推动该行业高质量发展。我们希望从本书中获得的知识和见解能让您在这个领域有所作为。

　　当您结束阅读本书时，我们期待您继续探索和参与海上风电行业。及时了解最新的发展动态，与同行业人士合作，抓住机会为创造更加绿色和可持续发展的世界而贡献自己的力量。通过利用风能，我们可以为子孙后代建设一个可持续发展的未来，让我们继续努力推动创新，共同塑造一个更加绿色的美好未来！